# 超弦理論

## 觀念伽利略08 萬物都是由「弦」所構成



人人出版

# 前言

物理學最尖端的理論「超弦理論」(superstring theory)主張:「我們周遭的一切物質都是由極小的『弦』所構成。」string的意思是絲、線、細繩。

把物質不斷分割,最後會成為無法再分割下去的微小粒子,稱為「基本粒子」(elementary particle)。我們無法直接看見基本粒子,因此並不清楚基本粒子長什麼樣子。但超弦理論居然主張,這種基本粒子的本體是極其微小的弦。

根據超弦理論,這個世界其實並非長、寬、高的「3維空間」,而是「9維空間」。甚至在我們的宇宙之外,可能還有無數個宇宙存在。超弦理論所預言的科幻世界,真是讓人一時難以置信。本書以可愛插圖與4格漫畫的方式,為你介紹「超弦理論」的神奇概念。現在,就一起盡情享受吧!

觀念伽利略08 萬物都是由「弦」所構成

# 超弦理論

## 1. 萬物都是由「弦」所構成！

# 2. 探究弦的真面目！

# 3. 超弦理論預測的 9 維空間

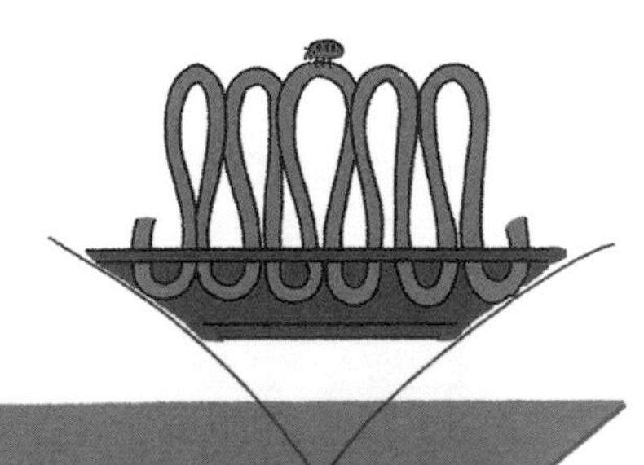

# 4. 超弦理論與終極理論

# 1. 萬物都是由「弦」所構成！

超弦理論主張自然界的「最小零件」為「弦」，且這個世界的一切東西都是由弦集結而成。超弦理論究竟是什麼樣的理論呢？在第 1 章，將會做深入淺出的介紹。

# 超弦理論主張「一切東西都是由弦所構成」

## 世界是由什麼東西構成的？

我們如果將周遭的物質不斷分割下去，最後會得到什麼樣的東西呢？我們在中學的自然科學課程中，曾經學到一切物質都是由「原子」（atom）這種微小的粒子所組成。如果把原子繼續分割下去，最後所得到的自然界「最小零件」究竟會是什麼樣子呢？

## 主張基本粒子可能是「弦」

構成自然界的「最小零件」稱為「基本粒子」。**主張這種基本粒子為細長「弦」的理論，就是「超弦理論」。**根據超弦理論的主張，人類的身體也好，電視機之類的人造物品也好，太陽之類的天體也好，一切東西都是由無數個弦集結而構成。而自然界的一切現象，都是由無數個弦碰撞、結合或展開所造成。

**超弦理論被視為逼近這個世界基本原理的理論。**但是，目前尚未建構完成，眾多的物理學家迄今仍孜孜不倦地研究。

## 弦是自然界的最小零件

超弦理論認為，這個世界的一切東西，都是由細小的「弦」集結而成，人體當然也不在話下。

根據超弦理論，世界可能是由比原子還小的「弦」所構成的吔！

# 2 把物質不斷放大，會出現「基本粒子」

## 原子是由電子、質子、中子所構成

我們先來仔細看看基本粒子吧！

我們周遭的一切物質，是由氫、碳等「原子」所構成（右頁插圖）。而原子是由「原子核」和「電子」（electron）所構成。其中的原子核則是由「質子」（proton）和「中子」（neutron）集結所構成（氫原子的原子核只由一個質子構成）。

## 自然界的最小零件稱為「基本粒子」

接著，請更仔細地觀察質子和中子。這麼一來，就會明白它們是由「上夸克」（up quark）和「下夸克」（down quark）這些粒子所構成。**我們目前認為上夸克、下夸克以及電子都「無法再進一步分割下去」。**因此，它們可以說是物質的「最小零件」。**像這樣「無法再進一步分割下去的東西」，稱為基本粒子。**

## 原子是由基本粒子所構成

構成自然界物質的一切原子，都是由「電子」和「夸克」這樣的基本粒子所構成。構成原子的夸克有「上夸克」和「下夸克」這兩種。

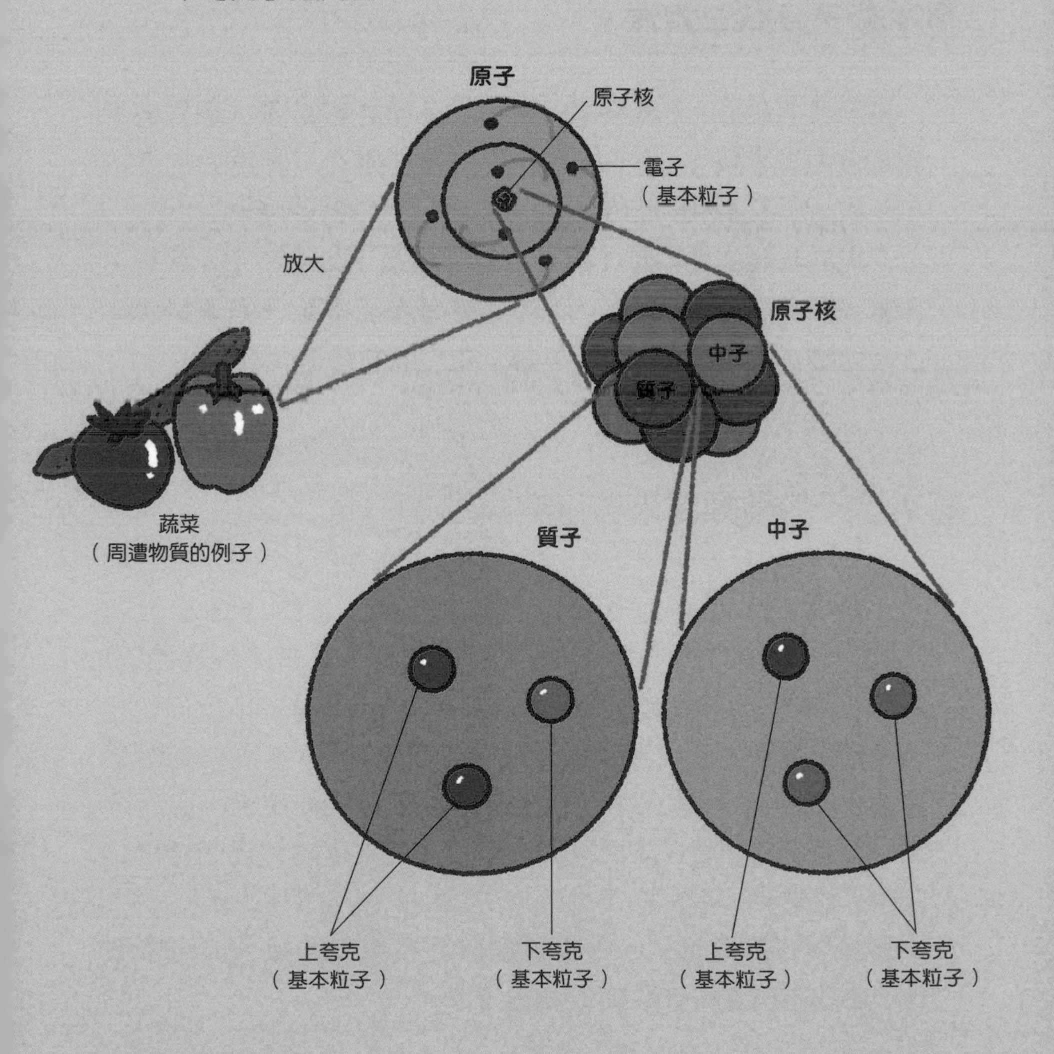

# 已經發現的基本粒子有17種

## 基本粒子分為三大類

**截至目前為止，已經發現的基本粒子總共有17種。這些基本粒子分為三大類：**「構成物質的基本粒子類」、「傳達力的基本粒子類」、「使萬物具有質量的基本粒子」（右頁插圖）。

「構成物質的基本粒子類」包含構成原子的上夸克、下夸克和電子（第12～13頁）。而且，這三種基本粒子的同類伙伴「夸克類」和「電子、微中子類」也包含在這個大類中。

## 基本粒子的種類未來有可能再增加

「傳達力的基本粒子類」，顧名思義，就是傳達電磁力（electromagnetic force）等力的基本粒子（詳見第20頁）。現在，已經發現4種傳達力的基本粒子類。

最後，被認為「使萬物具有質量的基本粒子」，就是希格斯玻色子（Higgs boson）。在此姑且不做詳細說明，簡而言之，電子等基本粒子之所以具有質量，可能就是拜這個希格斯玻色子之賜。

**還有一些基本粒子，物理學家已經預言其存在，但尚未發現，所以未來極有可能有17種以上。**

## 17種基本粒子

基本粒子大致分為「構成物質的基本粒子類」、「傳達力的基本粒子類」、「使萬物具有質量的基本粒子」三大類。目前已發現17種基本粒子。

構成物質的基本粒子類

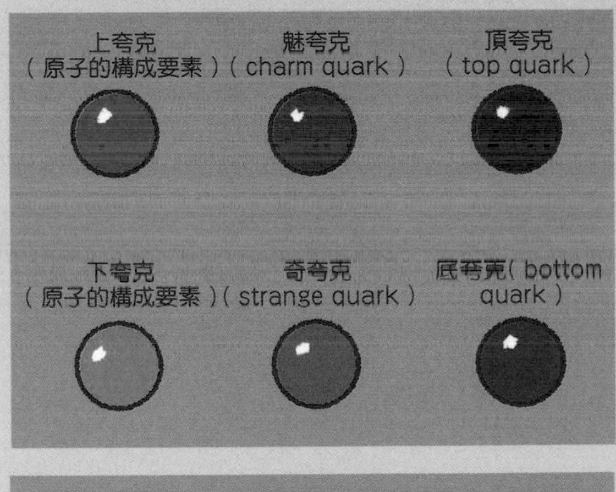


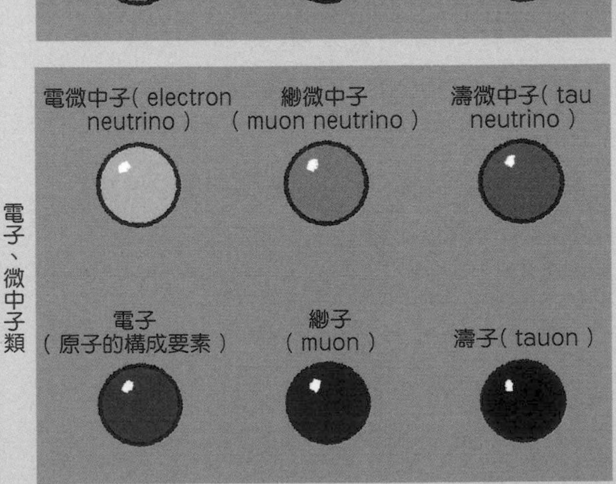


傳達力的基本粒子類

使萬物具有質量的基本粒子

# 4 基本粒子的本體是「弦」!?

## 基本粒子一直被認為是沒有大小的點

截至目前為止，普遍認為基本粒子是「沒有大小的點」。**但是，超弦理論卻主張基本粒子的本體是「具有長度的弦」。**我們的身體、岩石和水等物質，甚至連光，全都是由弦所構成。

## 無法想像弦的原料是什麼

在日常世界中，有塑膠製、橡膠製、布製等等，各式各樣原料製成的弦（絲、線、繩）。那麼，超弦理論的弦究竟是由什麼原料構成的呢？例如，把鑽石不斷分割下去，會出現碳原子。因此，鑽石的原料可以說是碳原子。而碳原子的原料可以說是質子、中子和電子。

**但是，對於無法再分割下去的基本粒子，並無法想像它的原料是什麼。**而因為「弦＝基本粒子」，所以弦的原料也就無法想像。

## 不斷放大後會出現弦

手是由原子所構成，而原子是由原子核和電子所構成。電子是基本粒子的一種，超弦理論認為它是由弦所構成。把原子核內的質子不斷放大，會出現稱為夸克的基本粒子，這樣的基本粒子可能也是由弦所構成。

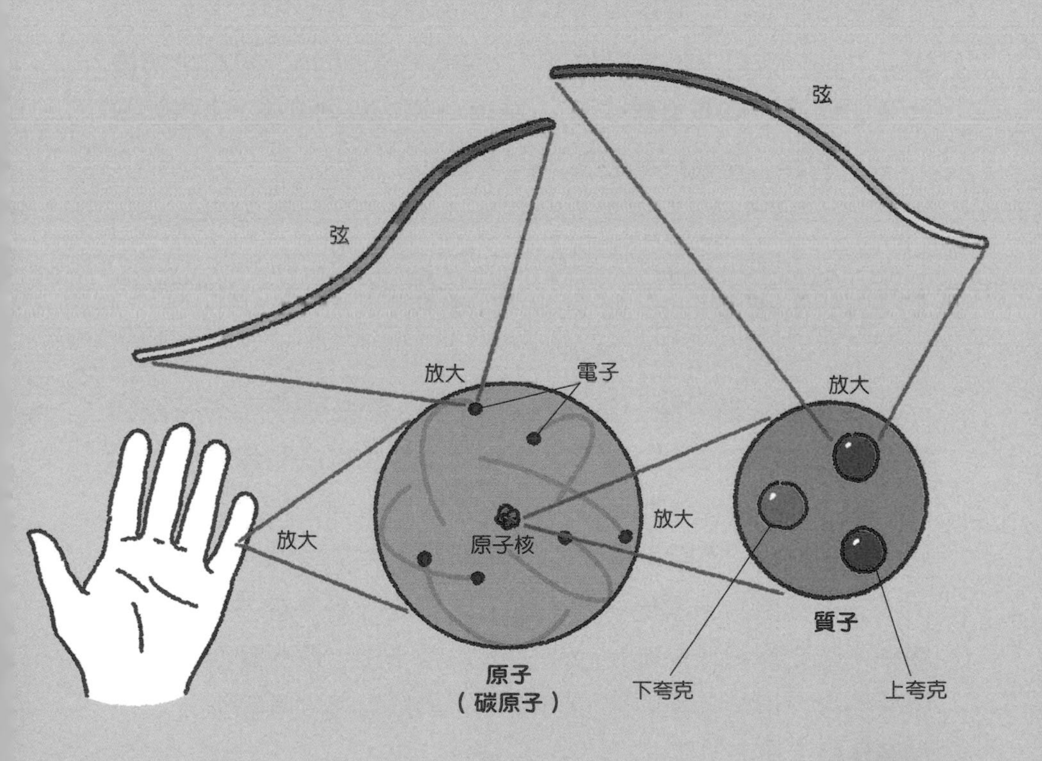

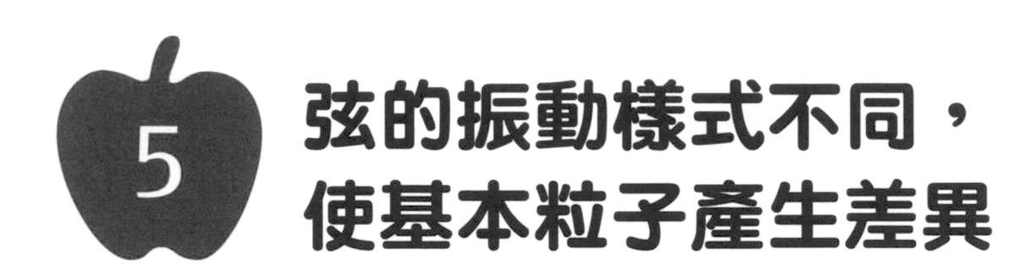

# 5 弦的振動樣式不同，使基本粒子產生差異

## 超弦理論的弦只有一種

截至目前為止已經發現的基本粒子，除了上夸克、下夸克、電子之外，還有光的基本粒子「光子」（photon）和產生質量的基本粒子「希格斯玻色子」等等（第14～15頁），總共有17種。**但是，超弦理論的弦只有一種。**

## 還沒有找到證據證明基本粒子是弦

**超弦理論認為，弦一直在振動著，由於振動方式不同等因素，呈現出不同樣貌的基本粒子。**就像小提琴的弦會藉由不同的振動方式而發出不同琴聲，弦雖然只有一種，但也會藉由不同的振動方式，而呈現出構成世界的各種基本粒子。

不過，目前尚未發現任何證據，足以證明基本粒子是由弦所構成。超弦理論的正確性尚未獲得肯定。由於超弦理論隱藏著解決現今物理學各種問題的可能性，所以眾多物理學家正殫精竭慮地投入研究之中。

## 根據振動方式性質會發生變化

把分子和原子不斷放大，會出現電子及夸克等基本粒子。
這些基本粒子的性質可能是依據弦的振動方式而決定。

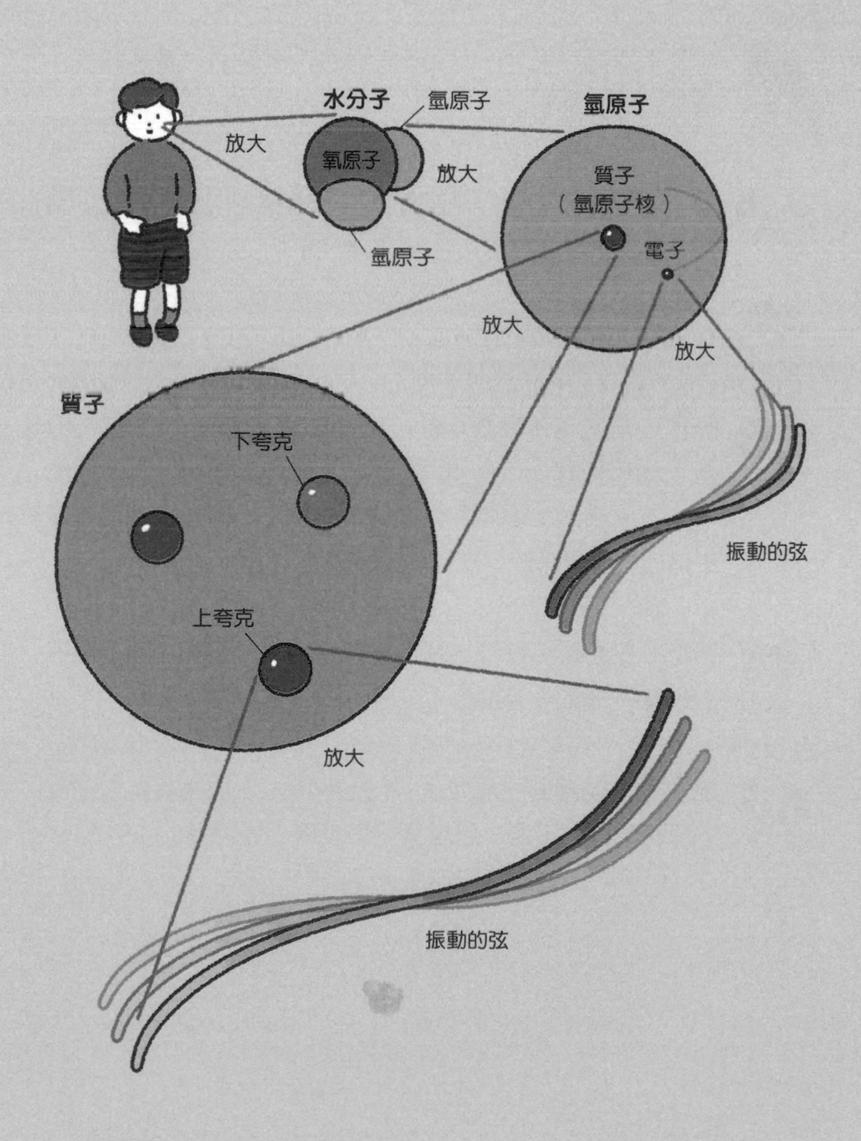

博士！
請教一下!!

# 傳達力的基本粒子是什麼？

博士，我對於第14～15頁提到的「傳達力的基本粒子」還不太了解吔！

現在的物理學認為，力全都是藉由傳達力的基本粒子的收發來發揮作用。

基本粒子的收發？

例如，磁鐵的N極和S極，一直有傳達電磁力的基本粒子，也就是光子，在進進出出。從N極或S極放出的光子，如果被其他磁鐵的N極或S極吸收，磁鐵之間便會產生磁力。舉例來說，就像棒球的投手和捕手那樣吧！

那麼，在地球和我們之間作用的重力，也是藉由基本粒子的收發來發揮作用的嗎？

重力可能是藉由「重力子」（graviton）這種基本粒子的收發來傳達。不過，目前還沒有發現「重力子」的存在。

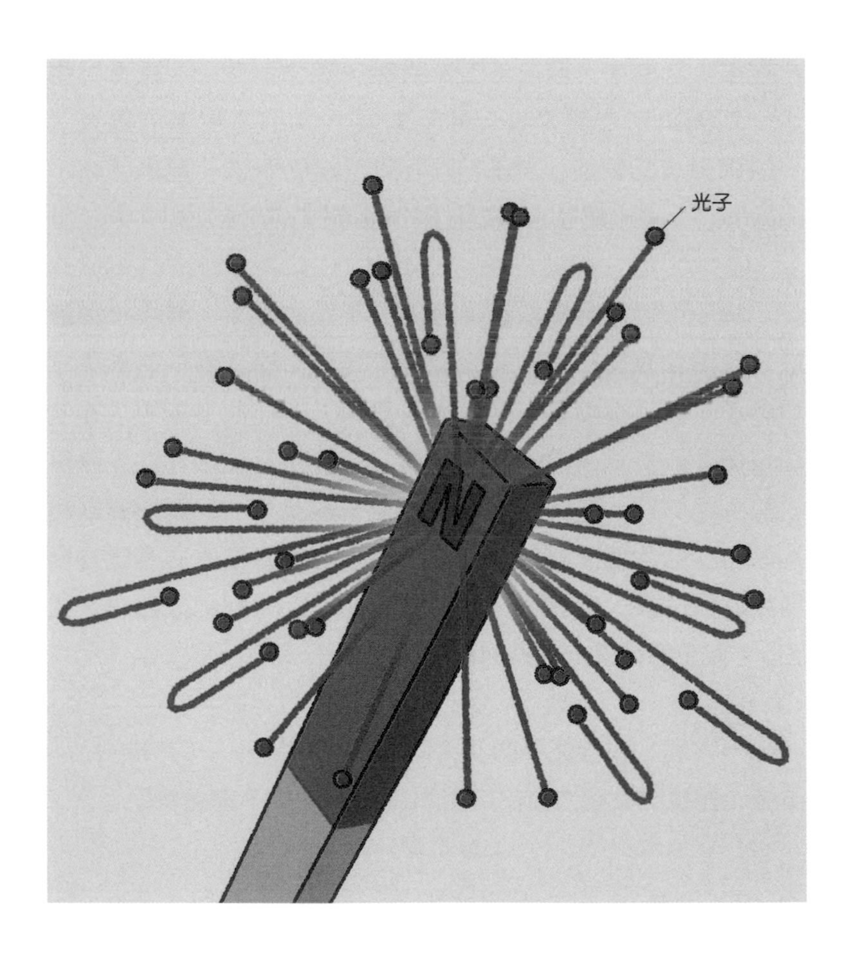
光子

# 為什麼日本把不工作的男人叫做「繩子」？

在華人社會中，自己不工作賺錢，居住的房子、飲食、生活一切開銷都依賴女人，甚至向女人索取零用錢的男人，一般稱為「吃軟飯」。日本則有個特別的說法，稱為「紐」（himo），意為繩子。這是什麼原因呢？

「繩子」這個名稱的由來有幾種不同的版本。**其中一種說法，是海女在自己的腰部繫上一條繩子，潛入海中時靠著拉動繩子，向待在船上的男人傳送訊號。**待在船上的男人什麼都沒做，只是等著繩子的訊號而已，於是衍生出靠女人過日子的「吃軟飯」意涵。**此外，也有一種說法，是指耍猴戲的人牽繩子命令猴子耍把戲，如同男人利用隱形的繩子從背後操控女人一般。**無論哪一種說法，把不工作的男人稱為「繩子」，似乎都是緣自細長的繩子。

另一方面，包養繩子的女人則稱為「附繩子」（有情夫）。不過，如果男女雙方處於婚姻關係，通常就不會這樣說了。

# 2. 探究弦的真面目！

弦的尺寸有多大呢？具有什麼樣的性質呢？在第 2 章將會探究弦的本體，同時介紹超弦理論的歷史。

# 1 弦的長度為 $10^{-34}$公尺

## 弦沒有寬度

現在我們來詳細探討超弦理論的主角吧！首先，弦的長度和寬度是多少呢？

原子的直徑約為 1 毫米的1000萬分之 1（$10^{-10}$公尺），原子核（質子）的直徑約為 1 毫米的 1 兆分之 1（$10^{-15}$公尺）。

**而超弦理論所提到的弦，長度在理論上可能只有 1 毫米的100**

### 弦的尺寸有多大？

弦的長度相對於原子的直徑，等同於螞蟻相對於銀河系的大小。弦真是超乎想像地微小。

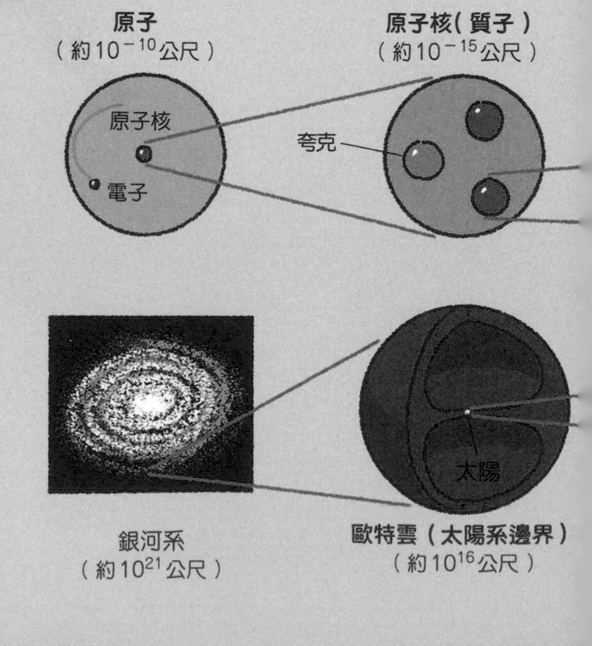

**億分之1又100億分之1又1000億分之1（$10^{-34}$公尺）而已。**這樣的大小，以現在的技術根本無法進行觀測。此外，它可能沒有寬度（粗細）。在本書中，為了配合插圖的表現，把弦畫成有寬度，但實際上它並沒有寬度。

## 如果原子像銀河系一樣大，則弦就像螞蟻一樣小！

假設把一個原子放大到我們所居住的銀河系大小。這麼一來，位於原子中心的原子核大小便會與太陽系的邊界（歐特雲，Oort cloud）差不多。而依照這樣的比例，弦的長度只有螞蟻的大小罷了。

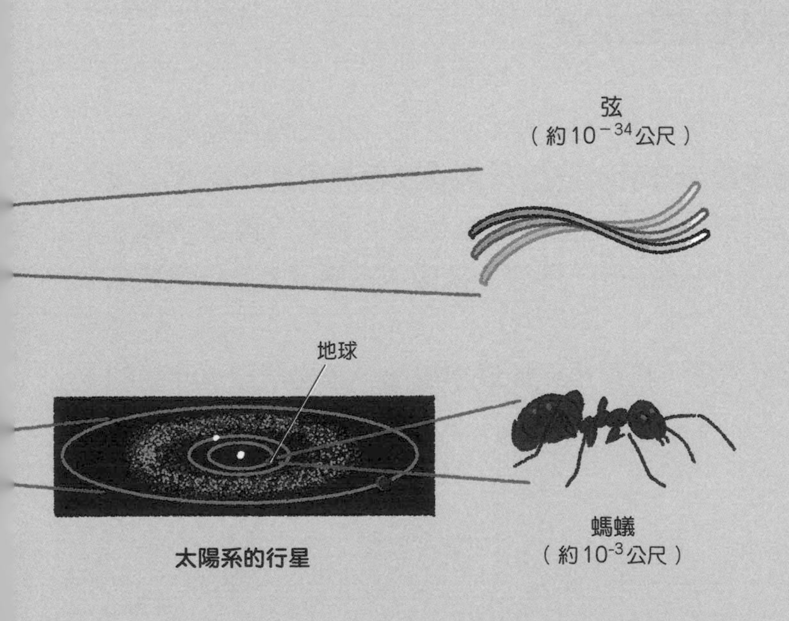

# 2 弦可拆分或結合

## 弦會以相同的步調持續拉長

超弦理論的弦會伸長也會縮短，不過，伸縮方式和橡皮繩之類的東西不一樣。

橡皮繩會隨著兩端逐漸拉長，而越來越難拉動。也就是說，兩端拉得越長，張力（企圖拉回來的力）越強。**相對地，超弦理論的弦卻一直維持著固定的張力，**如果以強過張力的力去拉它，它會以相同的步調持續拉長。

## 弦拉長到某個程度會斷掉

儘管如此，弦並不會一直無限地拉長。**拉長到某個程度，它會斷掉而拆成兩條弦。反之，兩條弦也可能會「結合」成一條弦。**弦的拆分難易度（結合難易度）稱為「耦合常數」（coupling constant）。不過，弦的耦合常數大小仍然是未知數。

弦的拆分及結合，究竟代表什麼意義呢？請繼續看下一節的說明吧！

## 弦的神奇性質

超弦理論的弦會伸長也會縮短，可拆分也可結合。

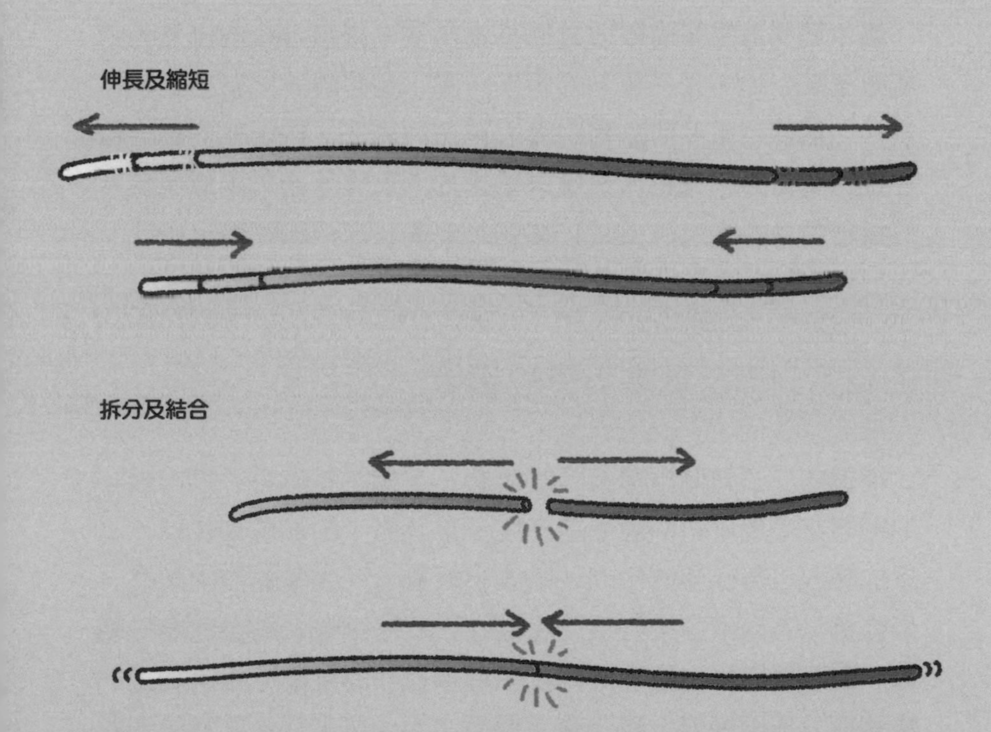

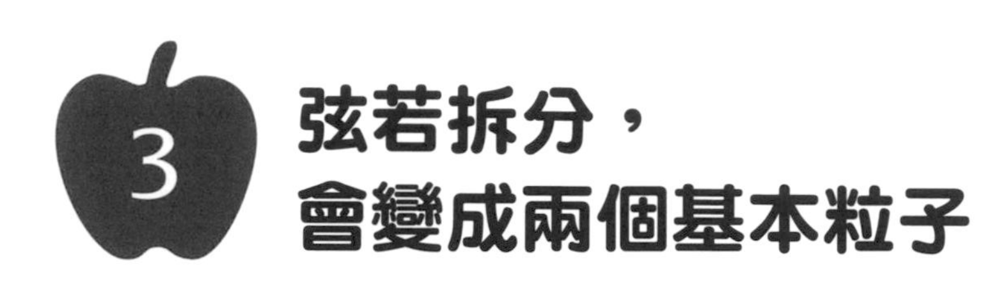

# 3 弦若拆分，會變成兩個基本粒子

## 基本粒子會吸收或放出其他基本粒子

**基本粒子有時候會吸收其他基本粒子，或反過來放出其他基本粒子。**例如，光子是光的基本粒子，也是傳達電磁力的基本粒子。因此，電子可以藉由吸收或放出光子，從周圍的基本粒子接收電磁力，或相反地發送電磁力。右頁插圖以兩種表現方式描繪電子吸收光子（上）與放出光子（下）的意象。

## 弦的結合對應於基本粒子的吸收

插圖的左右兩側描繪相同的反應，左側把基本粒子以「球」的形態來表現，右側則把基本粒子以「弦」的形態來表現。光子的吸收以兩條弦結合成一條弦來表現，而光子的放出則以一條弦拆分為兩條弦來表現。**同樣的方式，兩條弦結合成為一條弦，對應某個基本粒子吸收其他基本粒子的反應。相反地，一條弦拆分成兩條弦，則對應某個基本粒子放出其他基本粒子的反應。**

## 電子吸收與放出光子

以兩種表現方式描繪電子（基本粒子）吸收光子（基本粒子）和放出光子的意象。

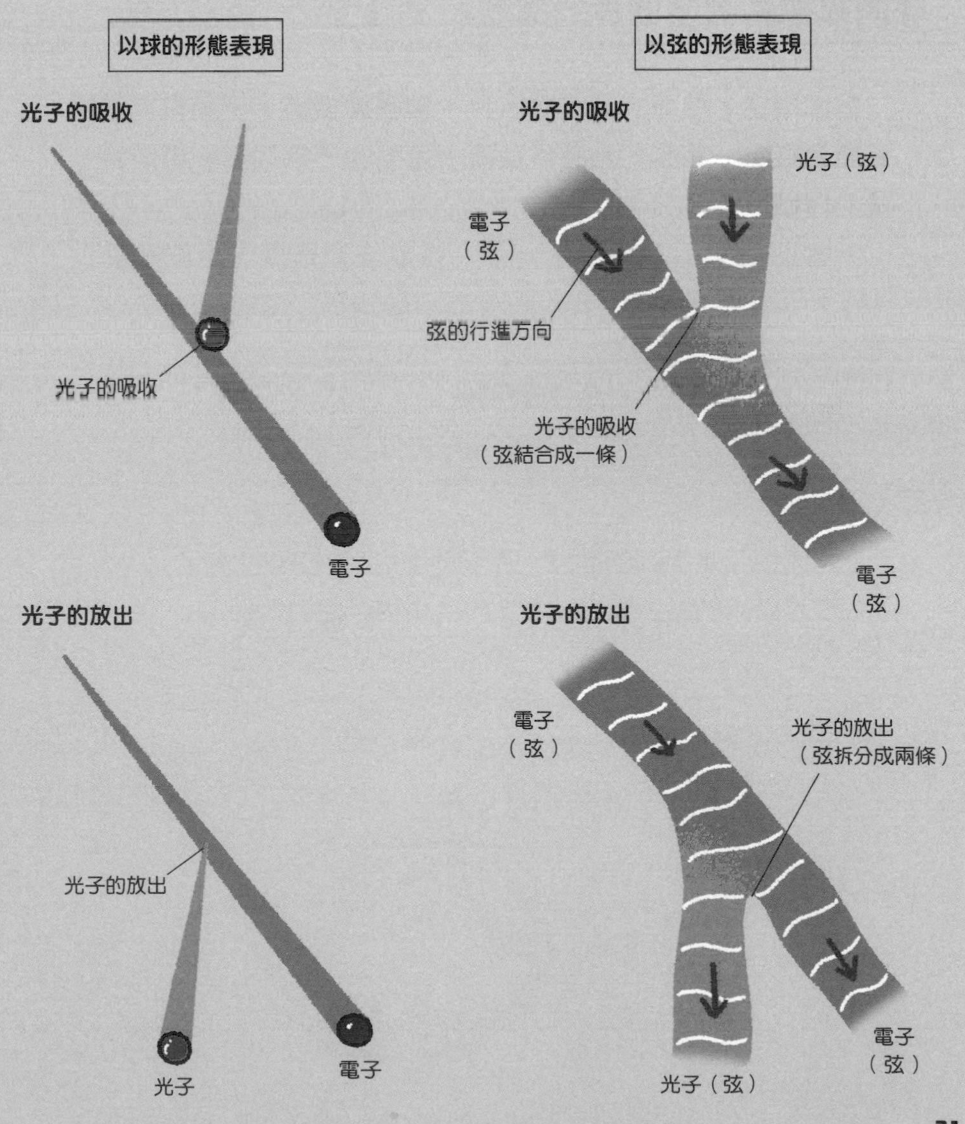

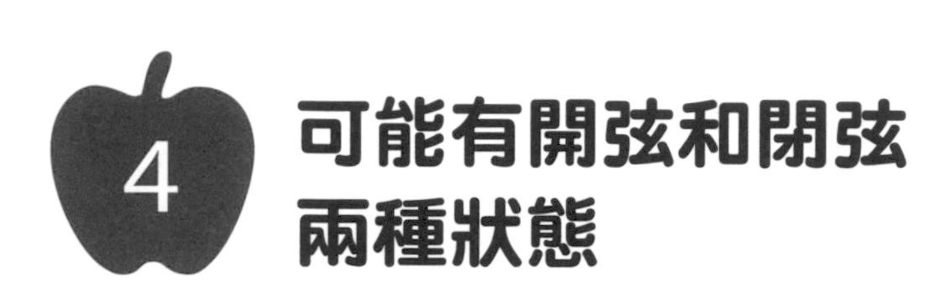

# 4 可能有開弦和閉弦兩種狀態

## 弦的兩端結合便會成為環狀

前面說過，弦可拆分也可結合。**當弦結合時，不是只有兩條弦結合成為一條弦，有時候是同一條弦的一端與另一端結合，成為環狀。**

一條弦如果兩端結合在一起，弦會成為環狀。也就是說，

### 開弦和閉弦

開弦指弦處於繩的狀態，閉弦則指弦處於環的狀態。
傳達重力的基本粒子「重力子」可能是閉弦。

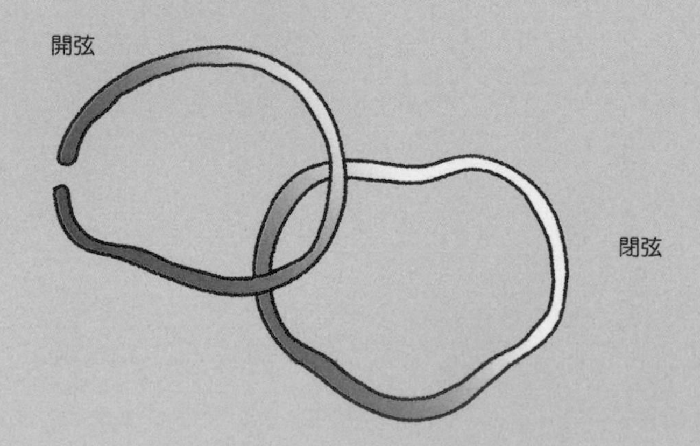

超弦理論的弦可能有兩種狀態，一種是開放的狀態（繩狀），一種是閉合的狀態（環狀）。開弦有兩個端頭，稱為「開弦」（open string）或「開放弦」。而閉弦則沒有端頭，稱為「閉弦」（close string）或「閉合弦」。

## 重力子是「閉弦」

傳達重力的基本粒子「重力子」可能屬於「閉弦」。另一方面，電子和光子等已經被發現的基本粒子，基本上可能屬於「開弦」。

**閉弦所呈現的基本粒子**
閉弦所呈現的基本粒子，有傳達重力的「重力子」。

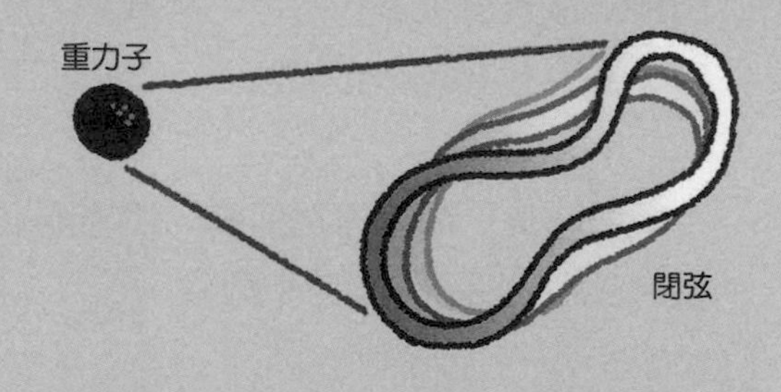


**開弦所呈現的基本粒子**
開弦所呈現的基本粒子，有電子、夸克、光子等各種粒子。

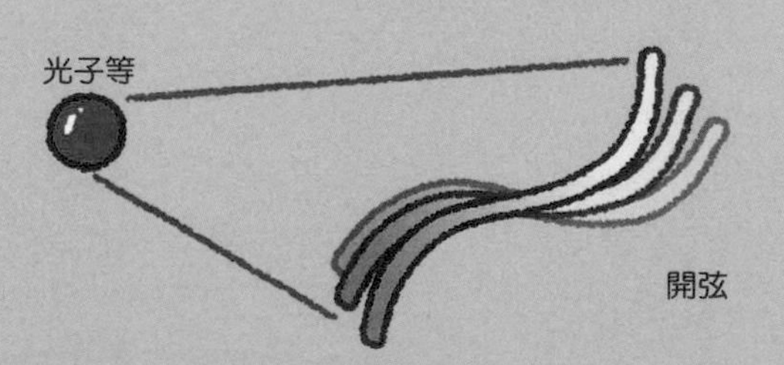

# 繩結之王「稱人結」

繩子的打結法，因應不同的用途而有蝴蝶結、固定結等各式各樣的繩結，其中的「稱人結」（Bowline亦稱帆索結）被人稱為「繩結之王」。**稱人結不僅容易學、固定強度高，而且容易解開，是非常方便的一種打結法。**

在船隻纜繩的前端打一個稱人結，形成一個繩圈，即使用力拉扯繩子，繩圈的部分也不會絞緊而難以解開。把這個繩圈套在碼頭的纜樁上，就夠把船隻繫留住，不會隨著潮汐波浪漂走。此外，稱人結也能運用於懸吊重物、固定帳篷、登山時支撐身體等各式各樣的場合。如果學會這個繩結，或許哪天能派上用場也說不定。

順帶一提，超弦理論的弦，如果疊在一起可能會滑脫，所以無法打成稱人結等各種繩結。

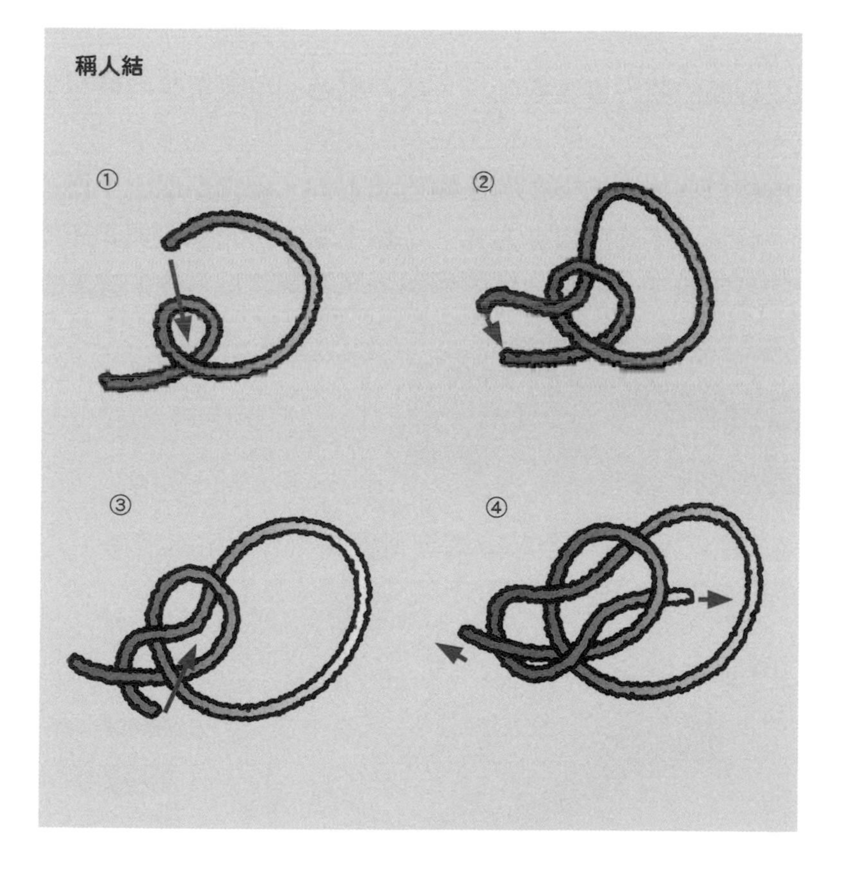
稱人結
①
②
③
④

# 5 弦每秒振動 $10^{42}$ 次！

## 藉由不同的振動方式，呈現不同的基本粒子

超弦理論的弦一直在振動。「不停振動」可說是弦的最重要特徵。

根據超弦理論，如果弦的振動方式不同，便會顯現出不同的性質。弦藉由不同的振動方式，呈現出電子、光子等具有不同性質的基本粒子。那麼，超弦理論的弦究竟是以多快的速率在

### 超高速振動的弦

弦一直在振動，而且頻率高達每秒$10^{42}$次。可能因為振動方式的不同，而呈現出各式各樣的基本粒子。

小提琴弦的振動

1 秒鐘 660 次

※ 持續拉最高音弦的情形

振動呢？

## 開弦兩端的移動速率可達到光速

**弦的振動頻率可能超過每秒$10^{42}$次（$10^{42}$赫茲）。**這是每秒高達 1 兆次的 1 兆倍又 1 兆倍又100萬倍以上的超快速振動。甚至，開弦兩端的移動速率最大可達到光速。光速是光在真空中行進的速率，相當於秒速大約30萬公里。這個速度被認為是自然界最快的速度。

超弦理論的弦振動

1 秒鐘$10^{42}$次以上！

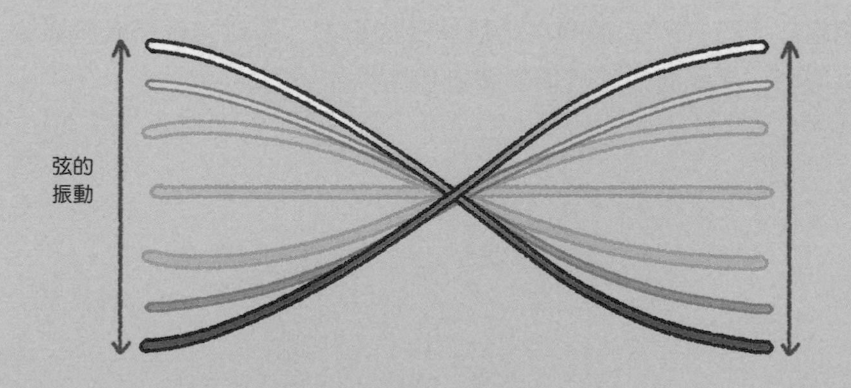

# 弦被相當於$10^{36}$公噸的力拉張著！

## 弦越是被強力拉伸，就會越快速振動

**不僅是超弦理論的弦，就算是普通的弦也一樣，如果越用力地拉伸（張力越強），則它的振動會越快速（頻率越高）。**例如吉他的弦繃得越緊，將它撥動時，便會發出越高的聲音（頻率越高的音）。而且，弦越短、越細，則振動越快。那麼，超弦理論的弦，張力有多大呢？

## 弦承受的張力大到難以想像

**科學家認為，超弦理論的弦可能承受著$10^{40}$牛頓以上的張力。**牛頓（N）是力的單位，1 牛頓相當於大約$10^2$公克（＝$10^{-4}$公噸）的物體在地表上所承受的重力。因此，$10^{40}$牛頓就相當於大約$10^{36}$公噸的物體所承受的重力。這個力真是大到難以形容。由此可知，弦承受著無比強大的張力。

## 無比強大的張力

普通的弦所承受的張力越強，則振動越快。超弦理論的弦所承受的張力相當於$10^{36}$公噸的重力。

# 7 開弦和閉弦的振動方式不一樣

## 弦會製造「駐波」

在這裡，我們來仔細看看弦的振動方式吧！**超弦理論的弦可能是用駐波（standing wave）的方式振動。駐波是一種波峰和波谷在原處上上下下的波**，一般波的波峰和波谷會移動，而駐波波峰和波谷則是在原處不移動。

駐波有不振動的「波節」和相當於波峰（或波谷）頂點的

### 形成駐波的振動

開弦和閉弦具有不同的振動方式。「波節」的個數不同，振動的方式也就不一樣。

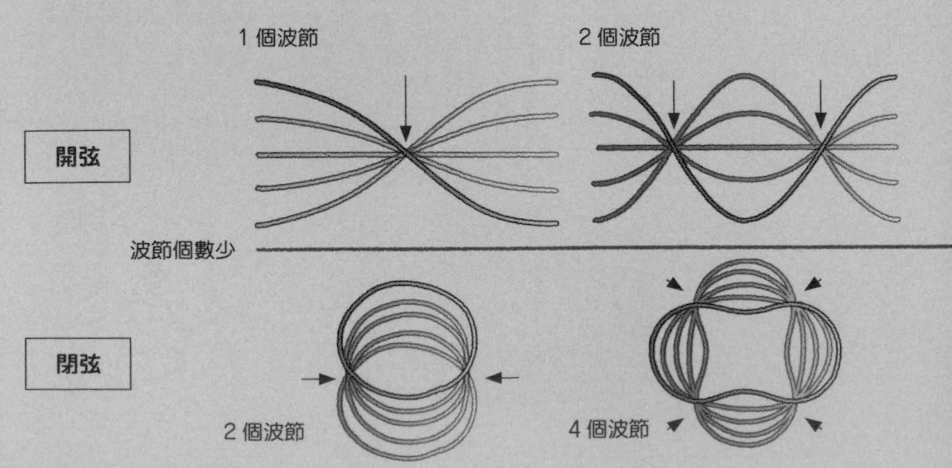

「波腹」。藉著增減波節和波腹的個數，形成不同的振動方式。

## 由波節個數和振動大小決定弦的振動

**開弦和閉弦具有不同的振動方式。**開弦的振動會使弦的兩端成為「波腹」。另一方面，閉弦的振動則會使弦一圈的波峰數和波谷數恰好相同。基本上，弦的振動的決定要素有兩個，一個是「波節的個數」，另一個是「振動的大小（振幅）」。這種振動上的差異，遂使基本粒子出現差異，亦即呈現出不同的基本粒子。

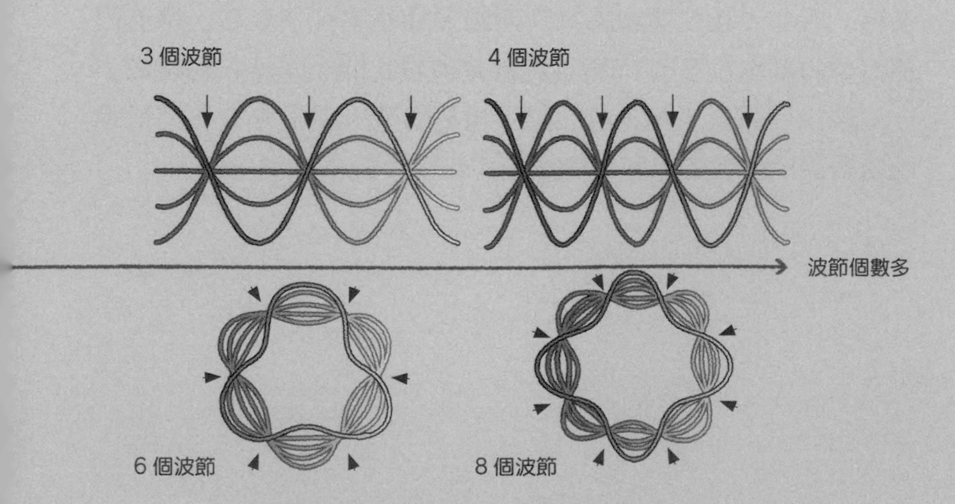

# 振動越劇烈的弦會成為越重的基本粒子

## 振動越劇烈的弦具有越大的能量

弦振動時，波峰和波谷的個數越多（波節和波腹越多），可以說它的振動越劇烈。要做越劇烈的振動，就需要越大的相應能量。根據愛因斯坦的「相對論」，能量（$E$）和質量（$m$）在本質上是相同的東西（$E=mc^2$）。因此，越劇烈振動的弦，就具有越大的能量，亦即具有越大的質量（重量）。**也就是說，振動越劇烈的弦會成為質量越大的基本粒子。**

## 尚未發現重的基本粒子

只要增加波峰和波谷的個數，弦的振動狀態就可能會有無限多種，因此，超弦理論認為有無限多種基本粒子存在。**目前已經發現的基本粒子有17種，但都是質量比較小（輕）的種類。**一般來說，越重的基本粒子越不容易發現。期待未來能夠發現超弦理論所預言的無數多種重基本粒子（劇烈振動的弦）。

## 已經發現的輕基本粒子

排在越上方的基本粒子越輕，弦的振動越緩和。相反地，排在越下方的基本粒子越重，弦的振動越劇烈。目前已經發現的基本粒子以較輕的基本粒子為主。

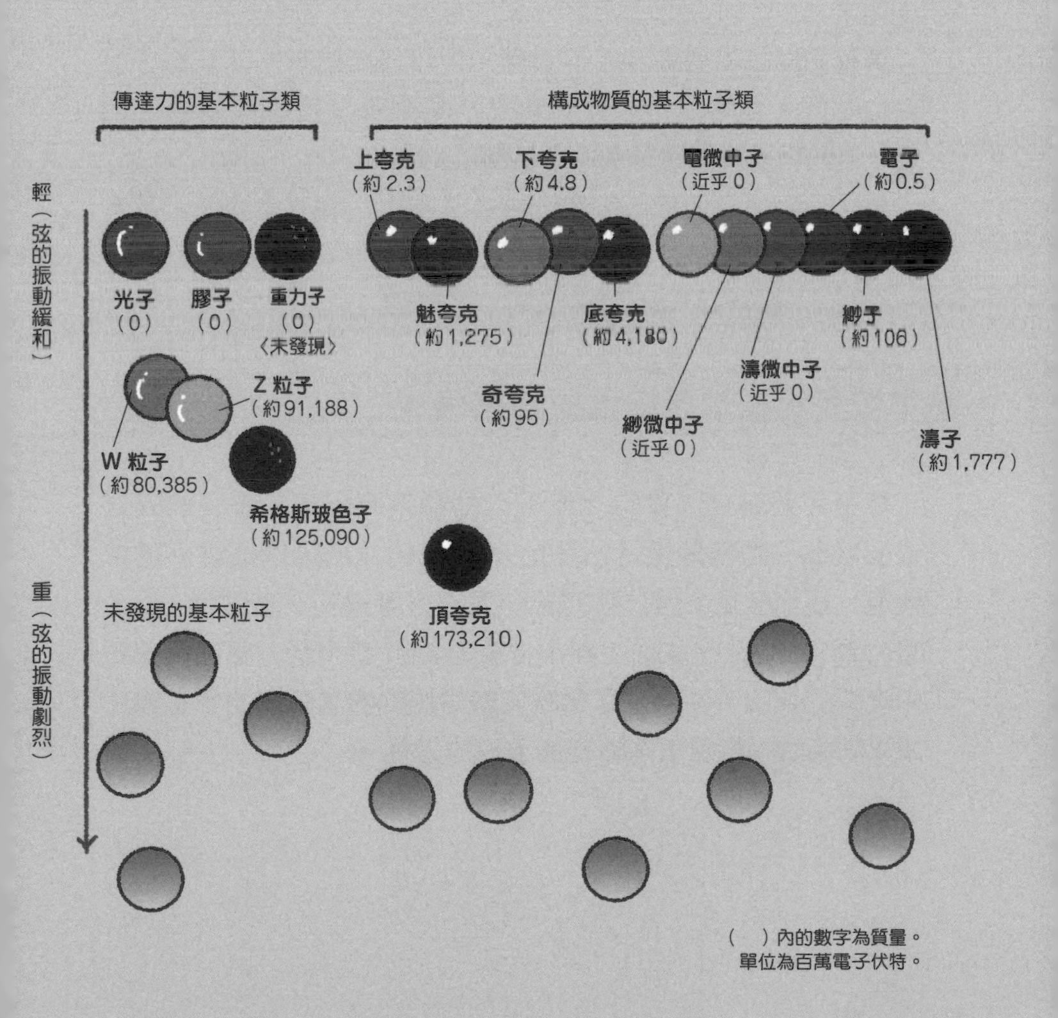

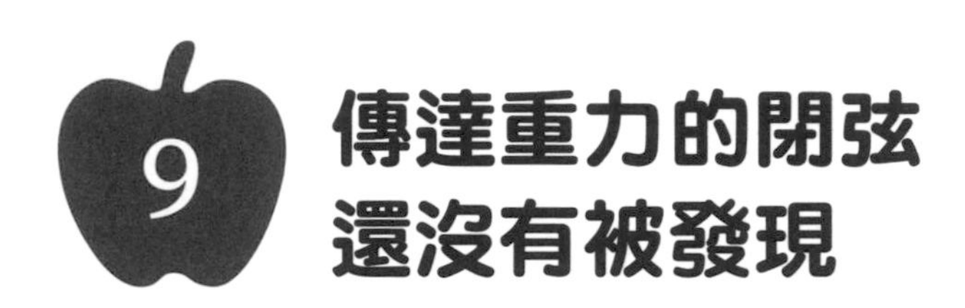

# 9 傳達重力的閉弦還沒有被發現

## 已經發現的基本粒子都是開弦

開弦和閉弦的振動方式不一樣，所以各自對應的基本粒子可能也不同。**傳達重力的基本粒子「重力子」可能是閉弦。但是，目前都還沒有發現重力子的存在。**

另一方面，電子和光子等已經被發現的17種基本粒子，基本上應該都是開弦。

## 基本粒子的振動無法以插圖來表現

截至目前為止，我們一直是以插圖來介紹基本粒子的弦之振動狀態。但很遺憾地，弦的振動狀態並無法以插圖正確地描繪。為什麼呢？因為弦的振動並不是僅只於3維空間（長、寬、高），弦是在9維空間中振動。關於這一點，將在第3章做詳細的介紹。**由於弦是在我們無法認知的高維空間中振動，所以不可能以插圖正確地表現出弦的振動。**

## 重力子是閉弦

截至目前為止，我們已經發現了上夸克、電子、光子等17種基本粒子。這些基本粒子可能都是開弦。而尚未發現的重力子，則有可能是閉弦。

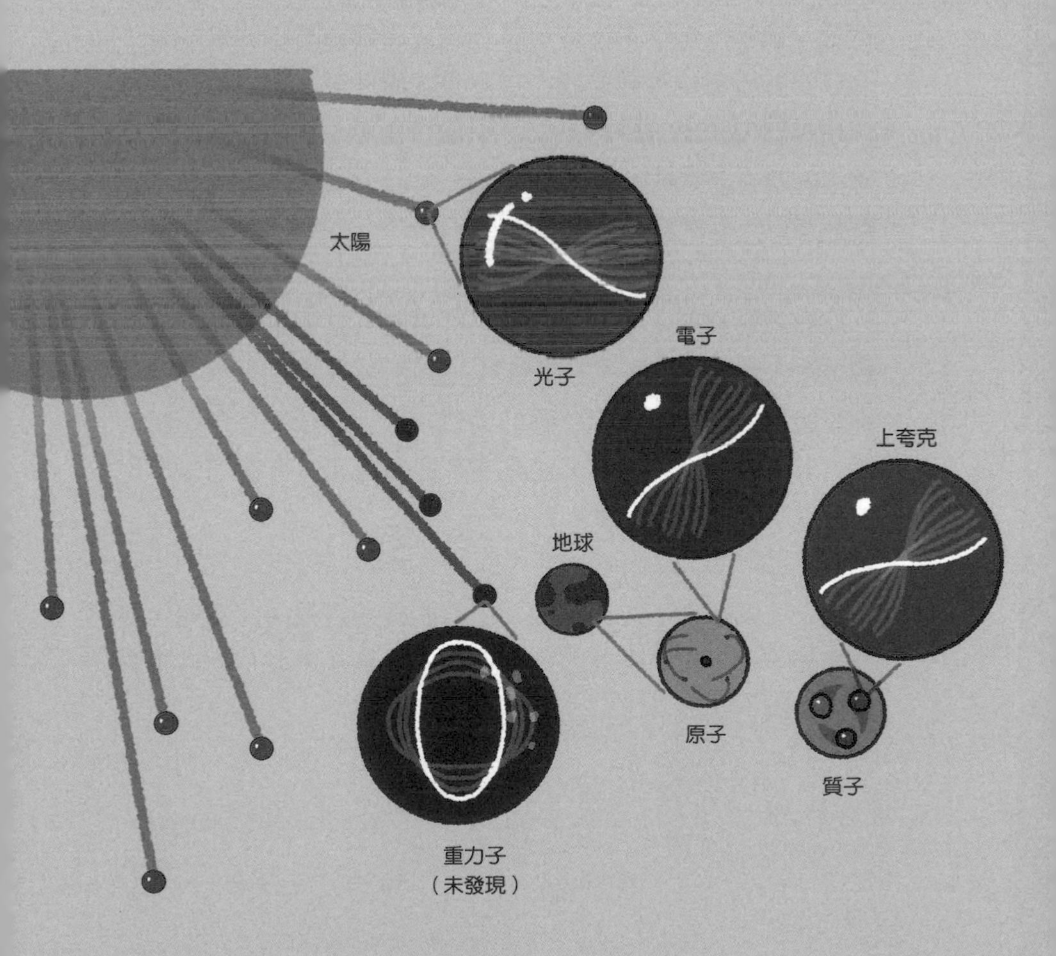

# 蜘蛛絲的強度為鋼鐵的5倍

自然界也有許多編織絲線的高手，像蜘蛛就可以說是其中的佼佼者吧！蜘蛛會從腹部尾端製造出幾種不同的蜘蛛絲。**這些蜘蛛絲依照不同目的，具有不同的特徵。蜘蛛會巧妙地運用不同特徵的蜘蛛絲，從事不同的作業。**例如，用於捕捉獵物的絲，上頭會附著黏黏的「黏球」，而編織蜘蛛網時做為鷹架的絲，就沒有這種「黏球」。

**在各種蜘蛛絲當中，現在最受注目的，是蜘蛛在逃避敵人等場合，做為「逃生索」使用的「牽引絲」。**牽引絲兼具強卻又能延展這兩種互相矛盾的特性。以相同重量來做比較的話，它的強度是鋼鐵的５倍左右。即使直徑只有１毫米，也能耐受100公斤的重量。

目前，科學家正在研發以人工方式製造蜘蛛絲。這種人造蜘蛛絲可望用來做為衣服、醫療用品，甚至汽車、太空衣等等的材料。

# 超弦理論的誕生①
# 如果基本粒子是個點，會有矛盾

## 基本粒子一直被視為「點」

究竟是什麼原因，非得主張基本粒子的本體是弦呢？現在就讓我們來看看超弦理論誕生的來龍去脈吧！

**物理學界一直以來都把基本粒子視為「點」。**但是，這樣的假設使物理學家在做物理學計算時出現了問題。例如，屬於基本粒子的電子，帶有負電荷。它會和帶有正電荷的物體互相吸引，相反地，會和帶有負電荷的物體互相排斥。在這個時候發揮作用的力稱為「電磁力」。電磁力會隨著兩個物體之間的距離而改變，相距越近而越強（右頁插圖）。

## 如果電子是「點」，它將會無法行動

事實上，電子所具有的電磁力，也會對發力的源頭（電子自己）發揮作用。如果電子是「點」，它和發力源頭（自己）的距離為零，這麼一來，在計算上，電磁力會變成無窮大。如果對電子施加無窮大的電磁力，結果會使這個電子擁有無窮大的能量（＝質量無窮大），導致電子太重而無法行動，以至於電力完全無法流通。因此，**如果假設電子（基本粒子）是「點」，將會在理論與現實之間產生矛盾。**

## 電子具有的電磁力

在帶電物體之間作用的電磁力，兩者的距離越近則作用越強。如果假設電子是「點」，則它會因為本身所具有的電磁力而擁有無窮大的能量（無窮大的質量），以至於動彈不得。但在現實中，電子能夠運動，所以這就產生了矛盾。

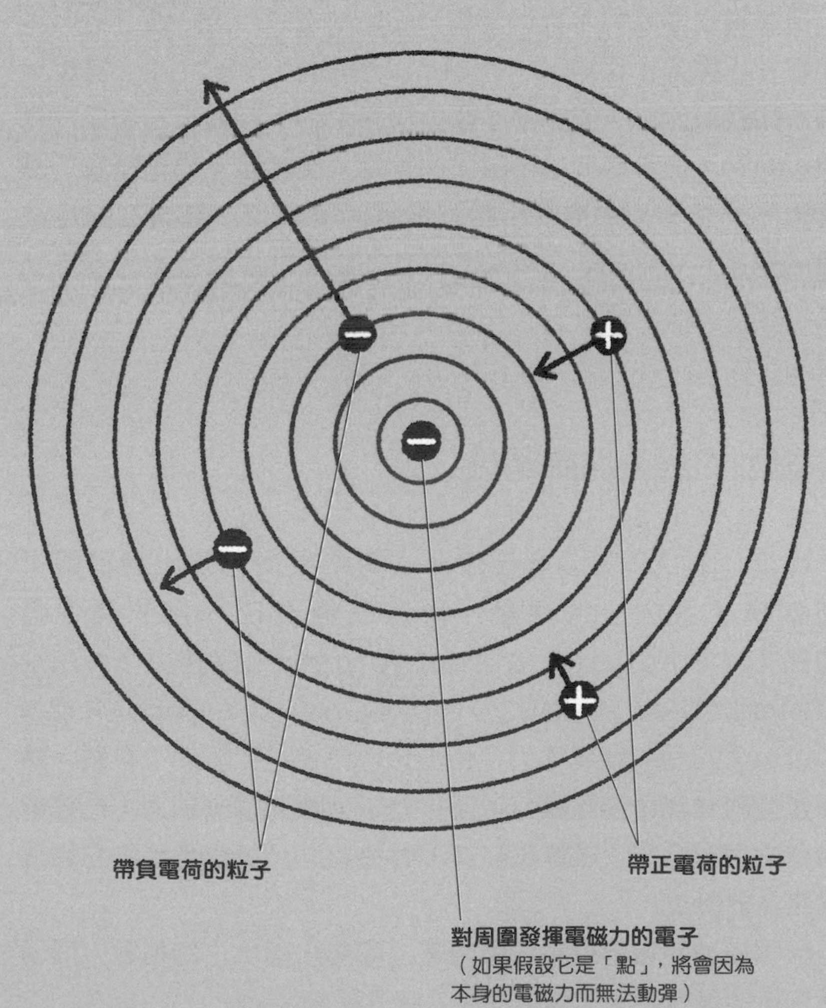

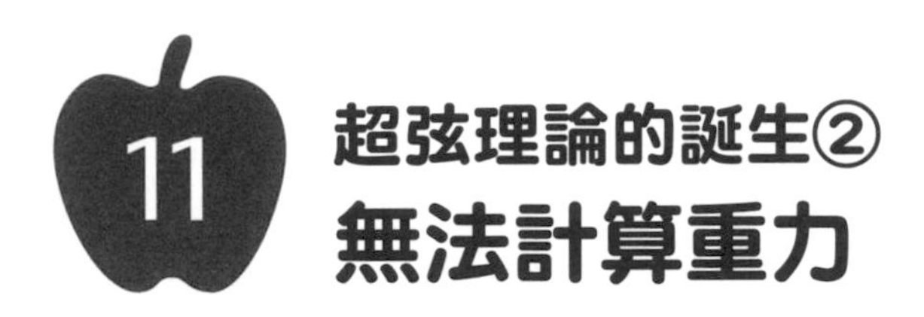

# 11 超弦理論的誕生②
# 無法計算重力

## 基本粒子物理學在「基本粒子＝點」這個前提下發展

日本物理學家朝永振一郎（1906～1979）等人於1940年代建立「重整化理論」（renormalization theory），提出一種新的計算方法，假設基本粒子沒有大小，只要把它當成沒有大小的點，便不會產生矛盾了。**於是，基本粒子物理學在「基本粒子＝沒有大小的點」這個前提的基礎上，獲得了長足發展。**到了1970年代，大致完成現代基本粒子物理學的基本架構，稱為「標準模型」（Standard Model）。

## 標準模型的極限開始顯現

然而，進入1980年代之後，標準模型開始出現極限，那就是「重力」的問題。現在已經闡明了自然界中有電磁力（electromagnetic force）、弱核力（weak nuclear force）、強核力（strong nuclear force）、重力（gravity）這4種基本力（fundamental forces）存在。**標準模型對於其中的電磁力、弱核力、強核力這3種力，已經能夠把它們統合在一起進行計算。唯獨重力，始終無法把它納入做整合計算。**

標準模型的這個極限也意謂著「重整化理論」的極限。而有望突破這個極限的理論，就是「超弦理論」。

## 標準模型能夠處理的力

1970年代建立的基本粒子物理學「標準模型」能夠同時處理電磁力、弱核力和強核力，但無法處理重力。

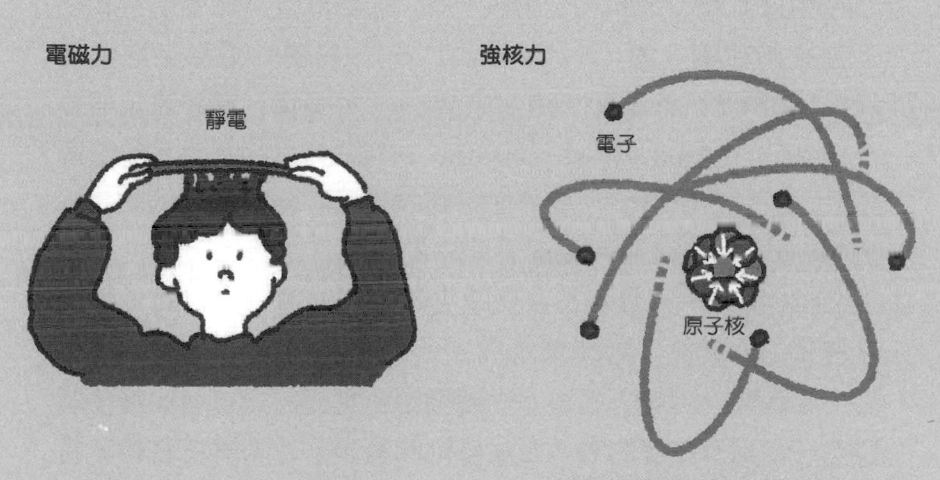


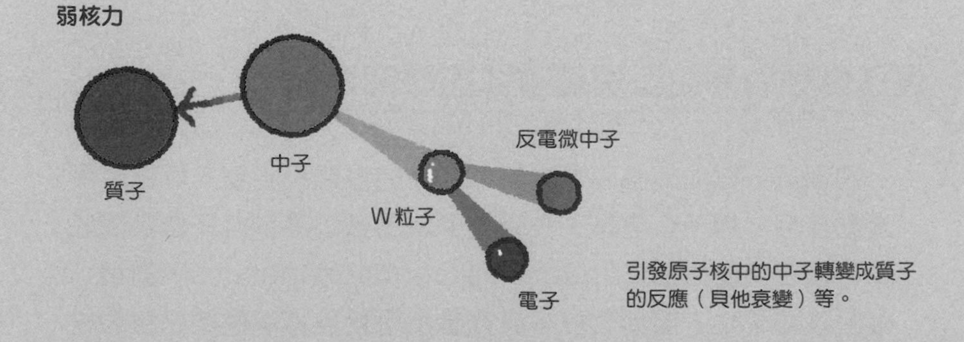

# 超弦理論的誕生③
# 超弦理論的原型問世

## 假設強子是一種弦

超弦理論原型的構想出現於1960年後半期。那就是日本物理學家南部陽一郎（1921～2015）、丹麥物理學家尼爾森（Holger Bech Nielsen，1941～）、美國物理學家色斯金（Leonard Susskind，1940～）等人提出的「強子的弦模型」。強子（hadron）是指由多個基本粒子結合而成的粒子。例如，質子是由三個夸克結合而成的強子。

1960年代，拜實驗裝置發達之賜，陸續發現了各式各樣的「強子」。但是，當時認為強子是無法再分割下去的基本粒子。**南部陽一郎等人提出了一個構想，主張各式各樣的強子本體是一種具有長度的弦，由於振動的差異，才顯現出各種不同種類的強子。**

## 量子色動力學的登場使得弦的研究衰退

南部陽一郎的理論因為能夠把強子的性質說明到某個程度而受到注目。但不久之後，主張強子是由多個基本粒子結合而成的「量子色動力學」（quantum chromodynamics）登場，並且獲得成功。**因此，許多研究者不再接受基本粒子是弦的構想，使「弦」的研究逐漸衰退。**

## 南部陽一郎的模型

目前已知的強子同類，有質子和「介子」（meson）等粒子。南部陽一郎認為這些強子的本體是一種弦。現在已經得知，強子是由多個夸克結合而成的複合粒子。

**依循南部陽一郎的模型而描繪的質子和介子**

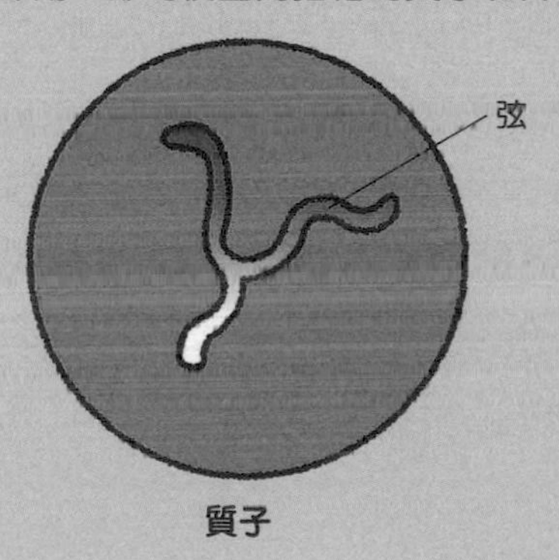


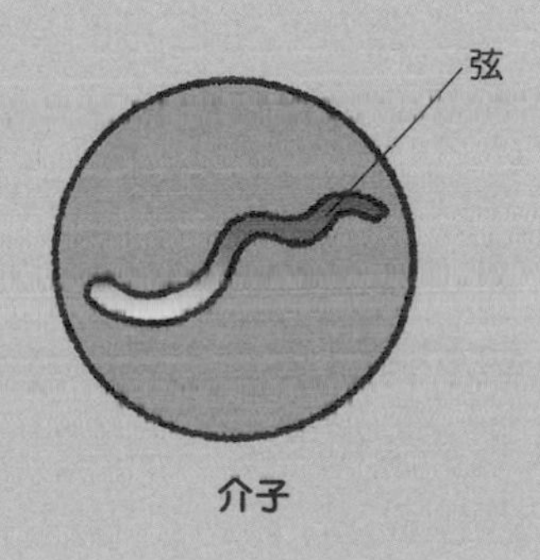


**依循最新模型而描繪的質子和介子**

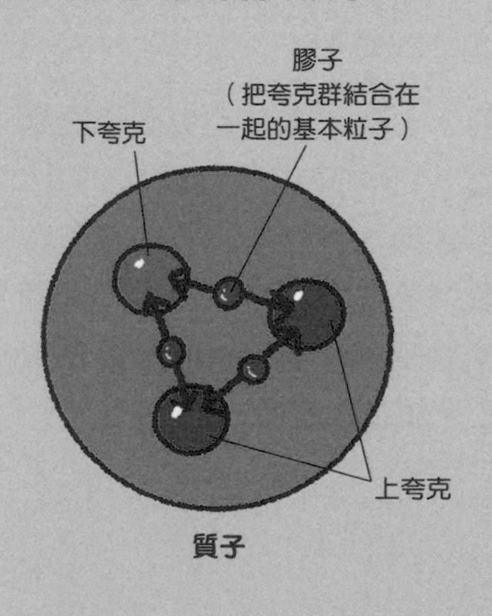


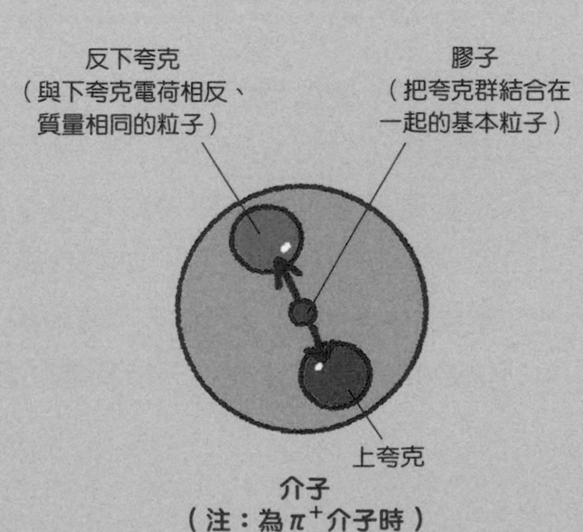

# 超弦理論的誕生④
# 「第一次超弦理論革命」來臨

## 「弦」的構想復活了

自1970年代以降，儘管「弦」的研究日漸沒落，但仍然有一些研究者相信它的可能性而持續進行研究。**到了1974年，美國物理學家史瓦茲（John Henry Schwarz，1941～）、法國物理學家謝克（Joël Scherk，1946～1980）、日本物理學家米谷民明（1947～）等人發現，如果把基本粒子當成弦，便有可能同時處理包括重力在內的自然界4種基本力。**不過，當時的理論還有一些部分，無論如何都無法在理論上取得整合性。

## 1984年的發現使超弦理論頓時備受重視

後來，使弦理論得以大力發展的人，是史瓦茲和英國物理學家格林（Michael Boris Green，1946～）。他們在1984年發現的方法，能解決以往弦理論的理論性缺陷。由於這項發現，使得弦理論成為「能夠處理重力的基本粒子理論」而備受重視，研究者們紛紛投入這項研究的行列。**自1984年以降數年間的超弦理論發展，被稱為「第一次超弦理論革命」。**

## 超弦理論所處理的重力

超弦理論能夠處理重力而備受注目。超弦理論能把電磁力、強核力、弱核力這 3 種力再加上重力同時處理。

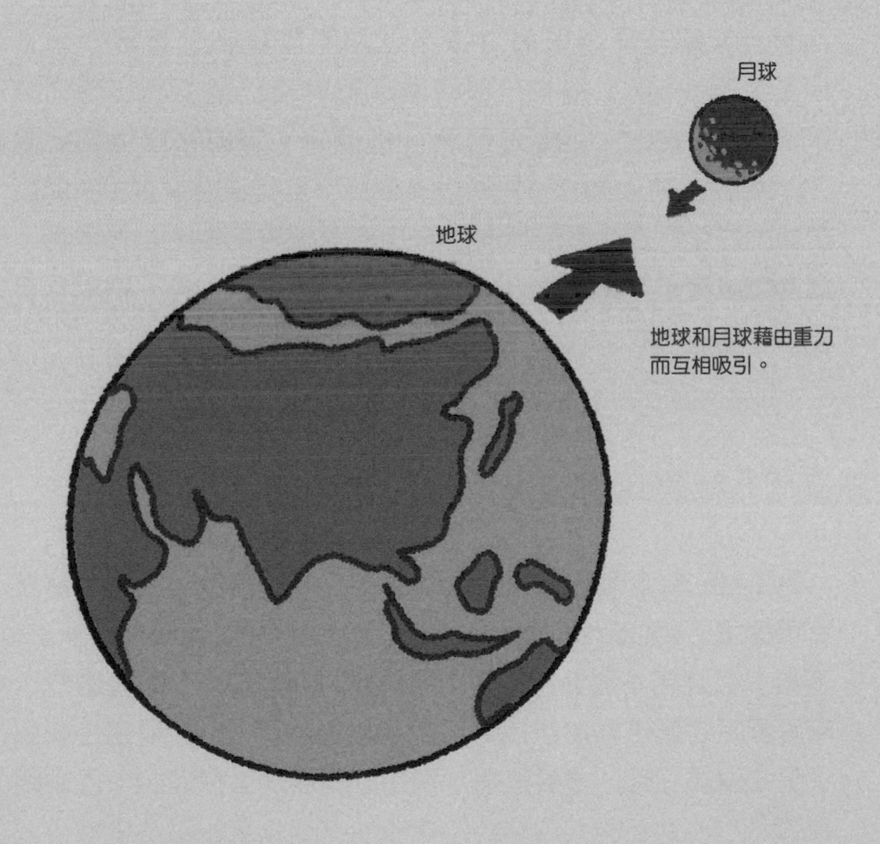

# 14 超弦理論的誕生⑤「第二次超弦理論革命」來臨

## 超弦理論有5種理論

第一次超弦理論革命之後，理論的發展逐漸趨緩下來。但是，1995年又迎來一次轉機，那就是「第二次超弦理論革命」。事實上，超弦理論有5種理論。**美國物理學家維騰（Edward Witten，1951～）主張，這5種理論並非不同的理論，只是分別從不同面向所看到的同一種理論。**也就是說，這5種理論在本質上完全相同。由於這項主張，使人得以一窺超弦理論的全貌，於是研究風氣一下子興盛了起來。

## 建立於5種超弦理論之上的M理論

**維騰進一步認為，應該會有建立在這5種理論之上的「真正終極理論」，並且把這個理論稱為「M理論」（M-theory）。**不過，截至目前為止，就連M理論的實體都還不是很清楚，無法確定它是否真的能成為「真正的終極理論」。現在，談到「超弦理論」時，一般是指5種超弦理論加上M理論，意涵較為廣泛。

## 真正的終極理論!?

超弦理論有Ⅰ型、ⅡA型、ⅡB型、混合SO（32）型、混合E8×E8型這5種類型。有些物理學家認為，在這5種超弦理論之上，有一個真正的終極理論「M理論」。

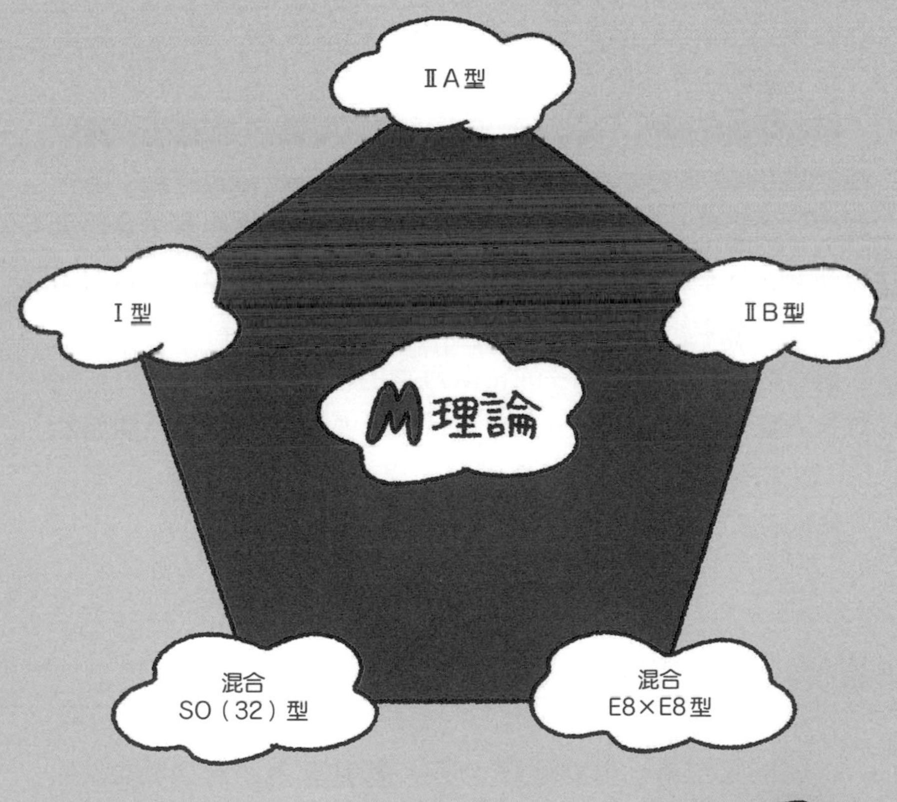


超弦理論是一個仍在持續研究，
逐步邁向完成的理論哦！

# 15 超弦理論的「超」是源自「超對稱粒子」

## 已知的基本粒子有伙伴粒子存在

在第52頁介紹南部陽一郎所提出的弦理論，並沒有加上「超」這個字。這個「超」是什麼意思呢？

**超弦理論開頭的「超」，並不是「超級厲害」，而是指「超對稱」(supersymmetry)。**基本粒子大致可以分為兩類：第一類是「玻色子」(boson)，包括傳達力的基本粒子和使萬物具有質量的基本粒子；第二類是「費米子」(fermion)，亦即構成物質的基本粒子。所謂的超對稱，是指已知的各種基本粒子都擁有把玻色子和費米子的特徵互換的伴粒子，稱為「超對稱粒子」或「超對稱伴粒子（超伴子）」。例如，光子是一種玻色子，它的伴粒子「與光子相似，但具有費米子的特徵」，稱為「伴光子」(photino)。

## 超對稱粒子的存在尚未獲得確認

以往的弦理論只能處理玻色子。**藉著導入「超對稱性」，連費米子也能處理了。**弦理論進化之後，即成為超弦理論。不過，基本粒子是否真的擁有超對稱性（超對稱粒子是否存在），還沒有獲得確認。

## 超對稱粒子

左側為已知的18種基本粒子，右側為它們的伴粒子，也就是未知的「超對稱粒子」。超弦理論的「超」即源自這個「超對稱」的「超」。不過目前仍未發現重力子的蹤跡。

**已知的基本粒子**

**超對稱粒子**（全部尚未發現）

**玻色子**

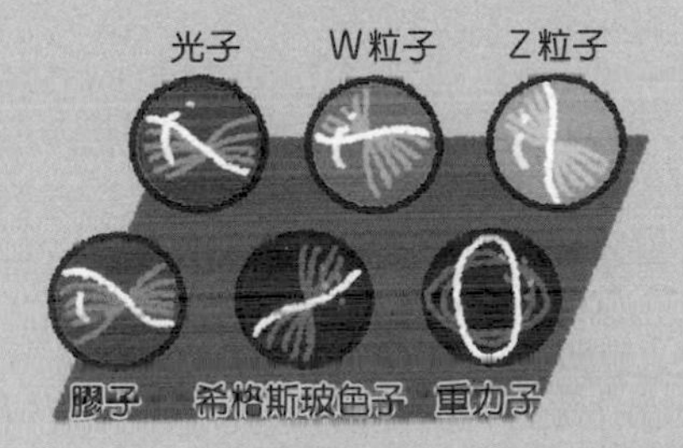


**費米子**

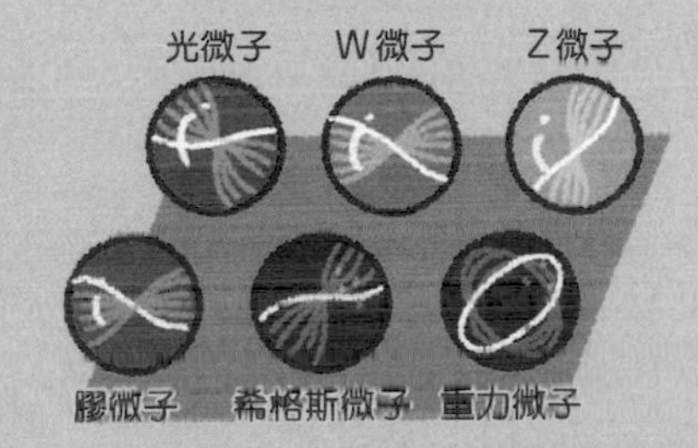


**費米子**

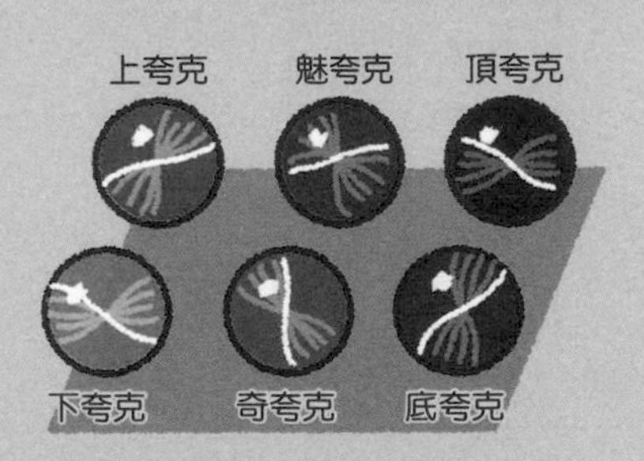


**玻色子**

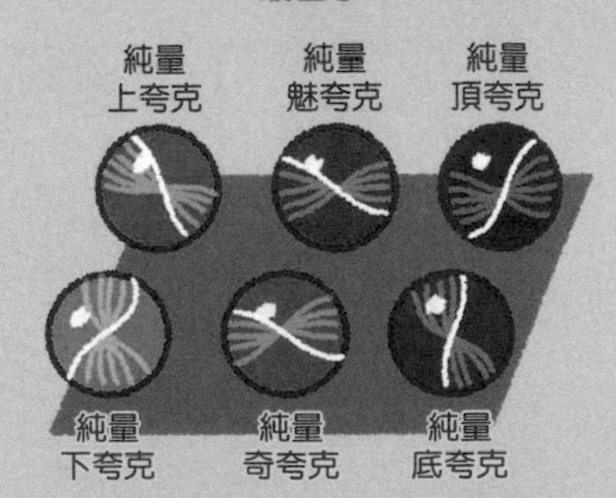


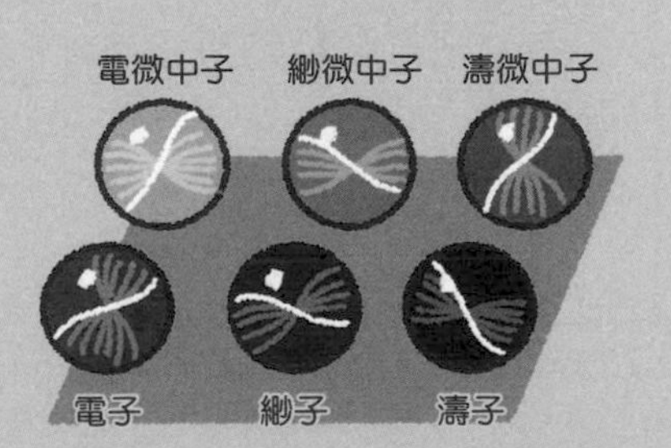


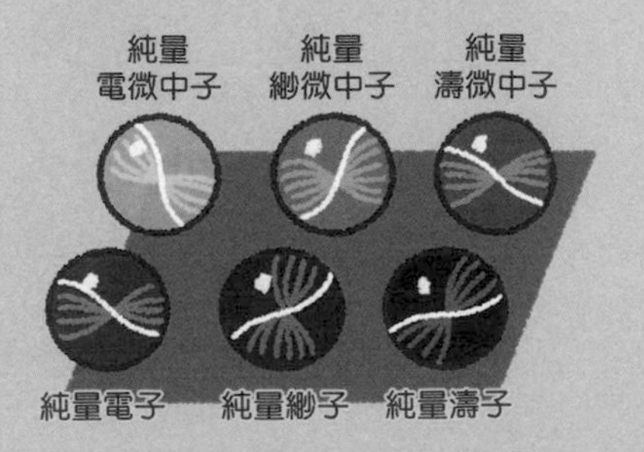

## 朝永振一郎以重整化理論獲頒諾貝爾獎

1906年，朝永振一郎出生於東京

在他就讀中學的時候，愛因斯坦拜訪日本，激發了他對物理學的興趣

雖然關注量子力學，但就讀的京都大學沒有人能教他

於是和後來獲頒諾貝爾物理學獎的同學湯川秀樹等人合作，一起學習量子力學

擁有留學德國等經歷後回到日本，擔任東京文理科大學（現筑波大學）的教授

在戰爭期間，依然只靠紙和鉛筆進行理論物理學的研究

第二次世界大戰後，發表重整化理論。促進基本粒子物理學的大幅發展，於1965年獲頒諾貝爾物理學獎

## 未出席諾貝爾獎頒獎典禮

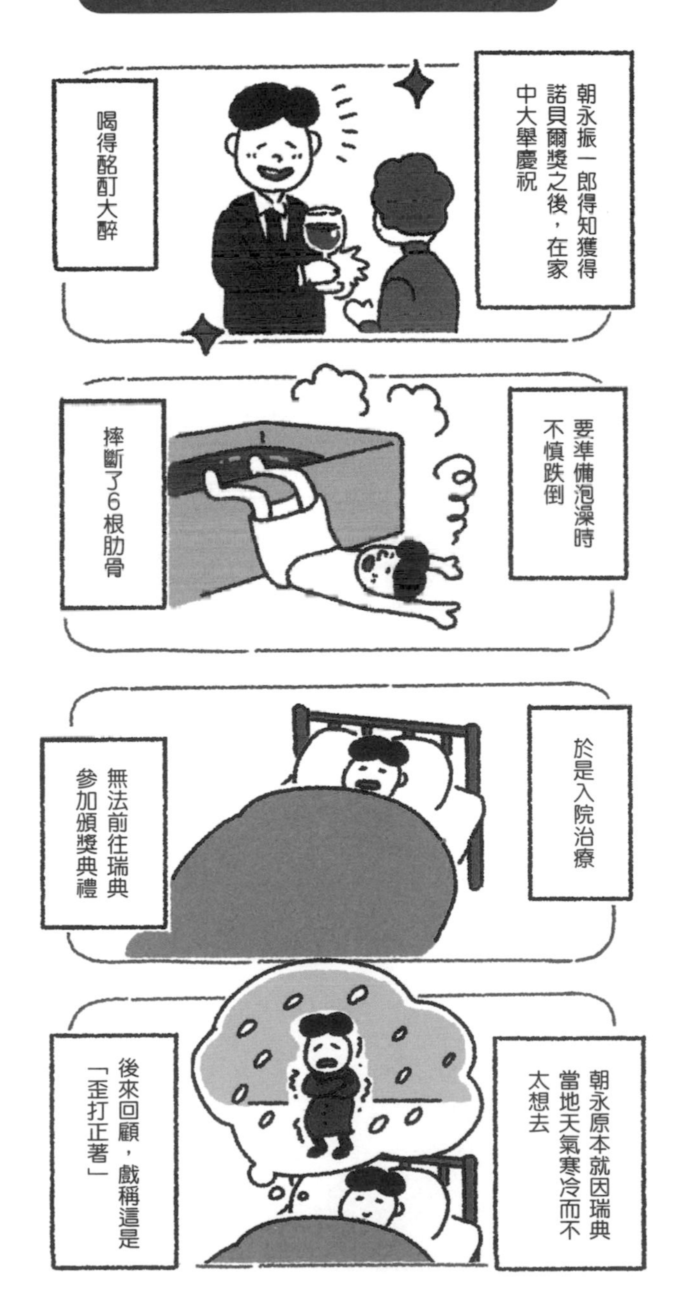

# 3. 超弦理論預測的 9維空間

若要了解超弦理論，關鍵在於「維度」的觀念。我們居住的世界是3維空間，而超弦理論的弦則在9維空間中振動。9維空間究竟是個什麼樣的世界呢？

# 1 我們生活在3維空間

## 弦在9維空間中振動

接下來將會介紹超弦理論所預言的不可思議世界。

在第44頁曾經簡單提及，超弦理論的弦可能在9維空間中振動。**也就是說，根據超弦理論，這個世界是「9維空間」。**所謂的9維空間，究竟是個什麼樣的空間呢？追根究柢，「維度」（dimensionality）究竟是什麼東西呢？

## 能在長、寬、高3個方向上移動的3維空間

**「維度」也稱為「次元」，簡單來說就是指「能夠移動的方向」個數。**例如在「直線」上，能在前後的1個方向上移動，所以是1個維度。在「面」上，則不只能前後移動，也能左右移動，所以是2個維度。

而在「空間」中，能在長、寬、高3個方向上移動，所以是3個維度。我們能在前後、左右、上下的3個方向上移動，可以說是生活在「3維空間」裡面。

## 1～3個維度的意象

維度的個數就是在各個空間中能夠自由移動的方向個數。
我們生活的空間具有長、寬、高這3個能夠移動的方向，
所以可稱之為3個維度。

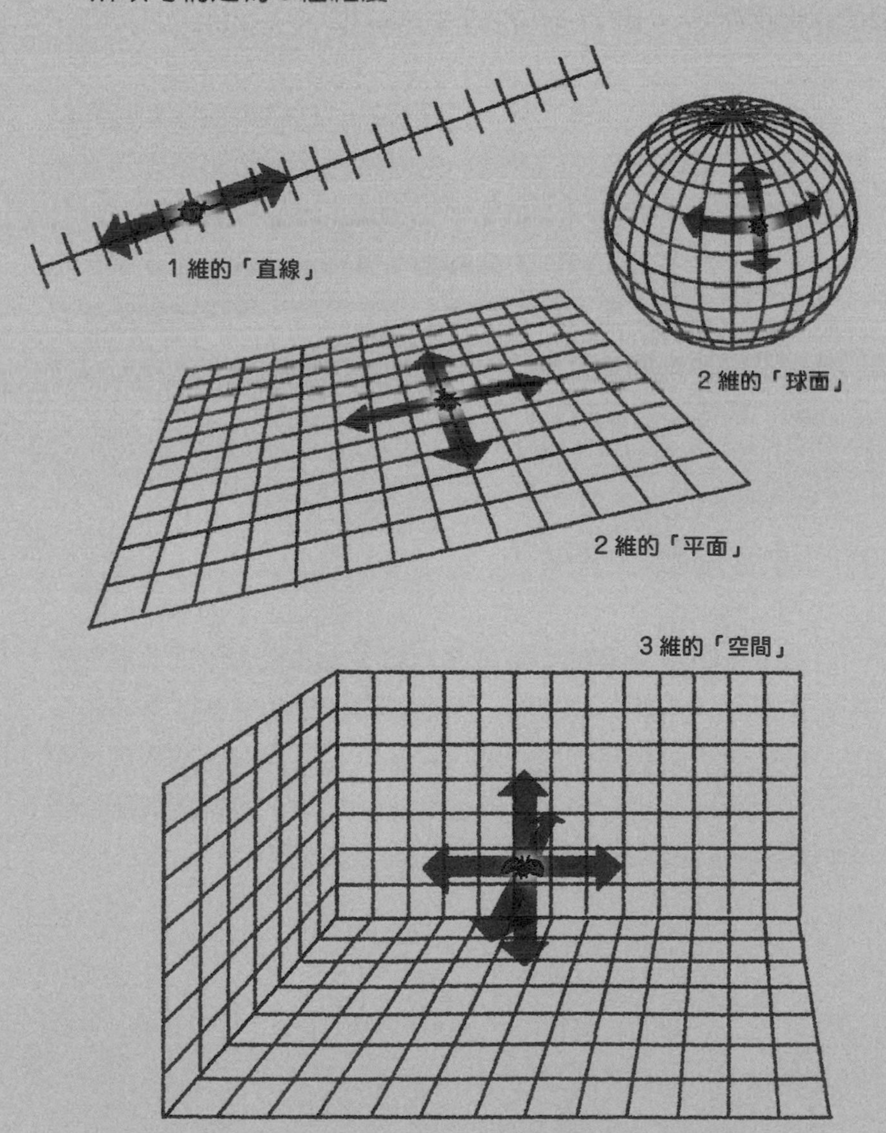

# 2 弦在9維空間振動！

## 維度的個數多，則振動的樣式增加

超弦理論預言了9維空間。**這是因為，如果要讓弦的振動狀態和現實的基本粒子能夠不矛盾地對應上，則弦的振動方向必須有9個。**

在2維世界中，弦只能在某個面上振動。而若是在3維空間中的弦，則在長、寬、高的方向上都能振動，所以振動的樣式比2維世界的弦更多。維度的個數越多，則弦越能在各個方向上振動，整體而言能夠採取更多的振動狀態。

## 3維的維度個數不夠多

目前，我們已經發現了17種基本粒子。如果超弦理論真的是能夠正確闡述自然界的理論，弦的振動狀態和現實中基本粒子的特徵就必須能夠緊密地對應。可是，如果要以弦的振動狀態來表現現實的基本粒子，3個維度並不足夠。**如果要毫無矛盾地表現現實的基本粒子，必須是9維空間才行。**

## 2 維和 3 維的弦之振動

本圖所示為弦在 2 維世界和 3 維世界的振動樣貌。
維度的個數增加，則弦的振動樣式也會增加。

A. 2 維世界（面的世界）

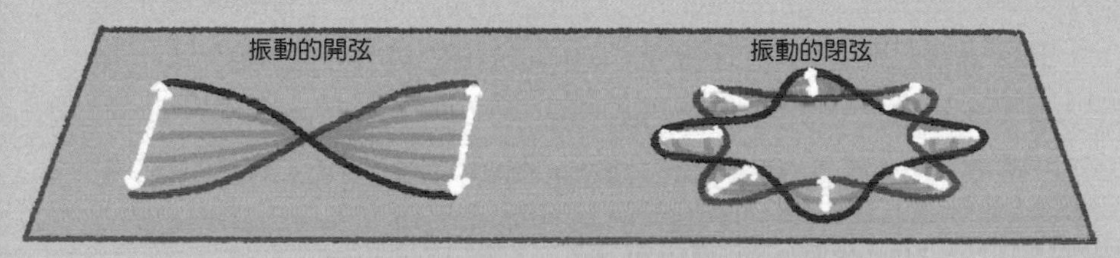


弦的振動方向只限於面內。

B. 3 維世界（空間的世界）

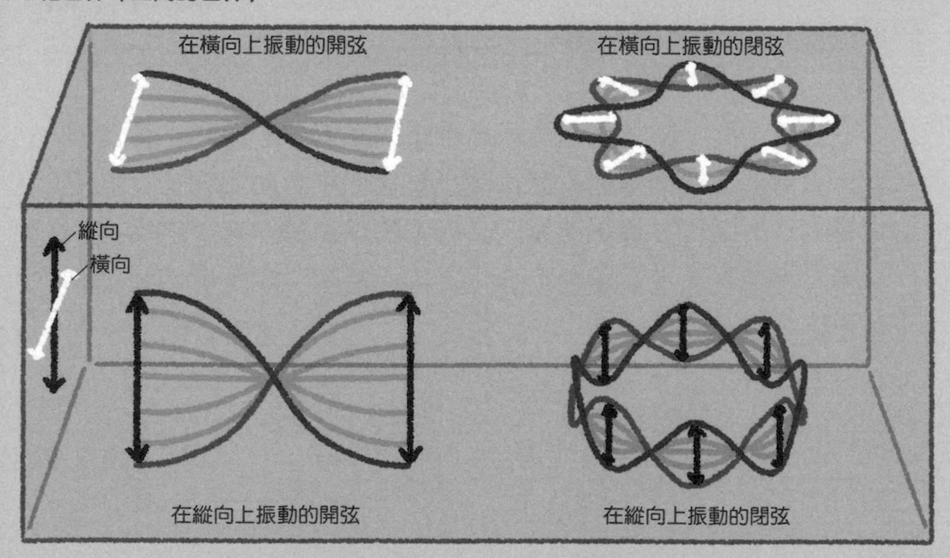


弦能在縱向、橫向及斜向上振動。

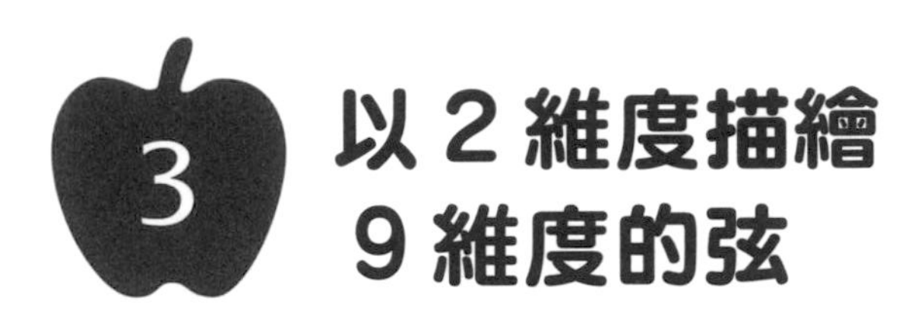

# 以 2 維度描繪 9 維度的弦

## 「隱藏的振動」不一樣，弦的性質就不相同

對於生活在 3 維空間的我們來說，就算4～9維的高維度空間確實存在，也無法直接確認其中所發生的事件。話雖如此，卻不表示高維度空間的事件和我們無關。

**弦即使在我們能看到的 3 維空間以相同的樣式振動，但若「隱藏的振動」（在第 4 維到第 9 維的方向上的振動）樣式不一樣，則它的性質也會變得不同。**

## 分解成各個維度來表現

高維度空間中的物體無法以插圖正確地描繪。**但是，可以把它「分解」成一個個的維度來表現。**這個概念就如同把 3 維的建築物「分解」成從正面及側面觀看的平面圖一樣。右邊的示意圖，是把在 9 維空間振動的弦形態「分解」成一個個的維度來表現。

## 分解成一個個的維度來描繪

把弦的一端設為「0」，另一端設為「1」，以這樣的刻度來表示各部分在各個維度分別處於什麼位置，藉此表現出弦在高維度空間振動的形態。

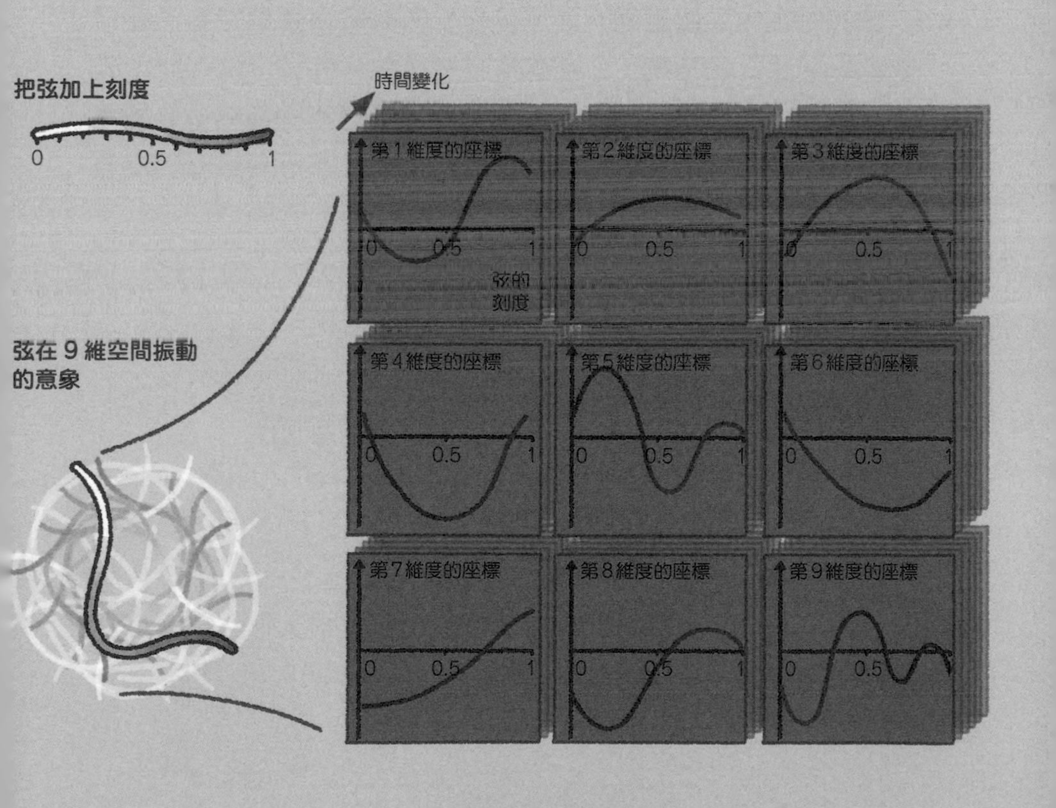

# 超過3個維度的維度被「緊緻化」①

## 這個世界中隱藏著6個維度

我們居住的這個世界，無論以什麼方式觀察哪個地方，都只會認為它是3維空間。9維空間究竟是在這個世界的什麼地方呢？**對於這個問題，物理學家們認為「我們所知道的3個維度以外的6個維度，或許因為非常微小而隱藏著，只是我們沒有察覺到罷了」。**

### 隱藏的維度

人類在地毯上只能在2個方向上移動，所以是2個維度。但是對蟎蟲而言，牠也能在捲線的方向上移動，所以是3個維度。這個捲線的方向就是「隱藏的維度」。

人類在地毯上只能在2個方向上移動

## 隱藏於地毯上的維度

例如，當我們走在地毯上，只能往長、寬這2個方向移動。就這個意義來看，對我們而言，可說地毯上是「2個維度」。

但是，假設地毯上有一隻微小的蟎蟲，牠除了長、寬這2個方向之外，還能在捲繞的絲線方向上移動。就這個意義來看，對於微小的蟎蟲而言，可以說地毯是「3個維度」。**這個捲線的方向，就相當於超弦理論的「隱藏維度」。**捲線的方向（維度）隱藏在地毯的每個角落。物理學家們認為，依照相同的道理，在我們已知的3維空間中，或許也隱藏著非常微小的其他維度。

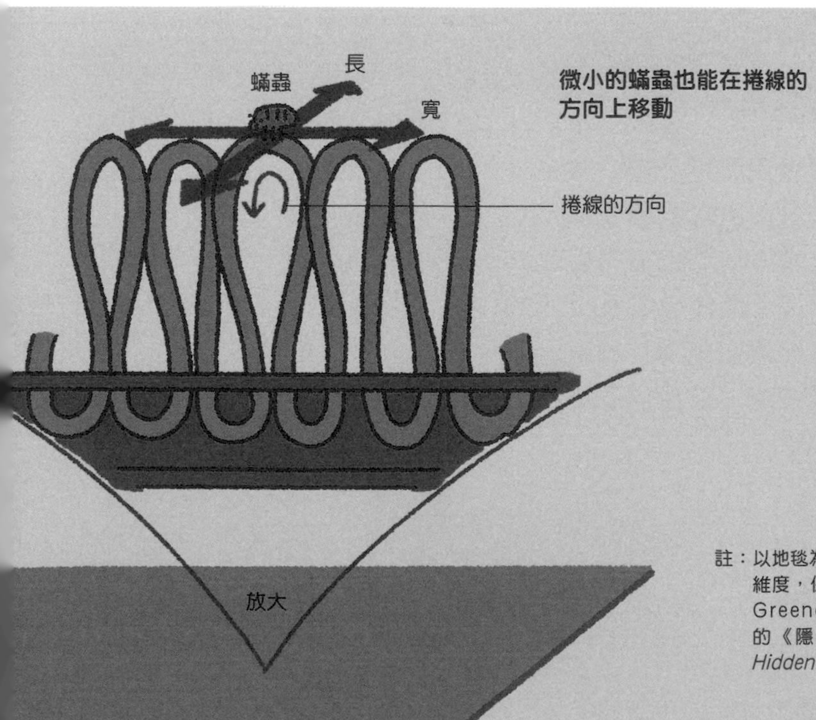


**微小的蟎蟲也能在捲線的方向上移動**

註：以地毯為譬喻來說明隱藏的維度，係參考葛林（Brian Greene，1963～）所著的《隱遁的現實》（*The Hidden Reality*）上冊。

# 超過3個維度的維度被「緊緻化」②

## 隱藏的維度捲縮著

德國數學家卡魯扎（Theodor Kaluza，1885～1954）和瑞典物理學家克萊因（Oskar Klein，1894～1977）構思了一種稱為「緊緻化」（compactification）的數學手法，可將超過3維的維度「捲縮起來」。超弦理論主張，**6個「隱藏的維度」捲縮成小到看不見的程度（下方插圖）。**這種捲縮的維

### 捲縮的維度

本圖所示為把2維之中的1個維度緊緻化的模式圖。把2維的平面捲起來而逐漸縮小半徑，最後會成為1維的線。如果在捲縮的維度上筆直地前進，最後會回到原來的位置。

2個維度的世界

度，由於「半徑」非常小，所以看不到。一般認為，這種看不到的維度大小和弦的長度（$10^{-34}$公尺的程度）差不多。

## 利用數學手法，思考4維以上的空間

即使這種「隱藏的維度」實際存在，也和截至目前為止的所有實驗結果，以及日常生活的所有現象，完全沒有抵觸。我們是居住在3維空間的人，無法在腦海中描繪出實際4維以上的空間。但是，我們可以利用數學來思考4維以上的空間。**物理學家便是利用數學來計算高維度空間發生的現象。**

# 「卡拉比-丘空間」描繪出隱藏的6維空間形態

## 利用理論和數學，描繪隱藏的6個維度

我們看不見的4維以上的空間，究竟長什麼樣子呢？研究者們利用理論和數學，研究緊緻化的6個隱藏維度。**右頁插圖是根據研究結果所顯示的6維複雜空間。**

右頁插圖

## 呈現不可思議形狀的「卡拉比－丘空間」

這個形狀不可思議的空間，稱為「卡拉比－丘空間」（Calabi-Yau space）。由於沒辦法把6維空間直接畫成圖像，為了使居住在3維世界的我們容易想像，把維度的個數減少才得以描繪出來。卡拉比-丘空間這個名稱源自兩位發現者的名字，一位是出生於義大利的美國數學家卡拉比（Eugenio Calabi，1923～），另一位是華裔美籍數學家丘成桐（1949～）。

## 卡拉比－丘空間

隱藏的6維空間的卡拉比-丘空間意象圖。由於無法把6維空間直接畫成圖像，因此減少維度的個數才得以描繪出來。

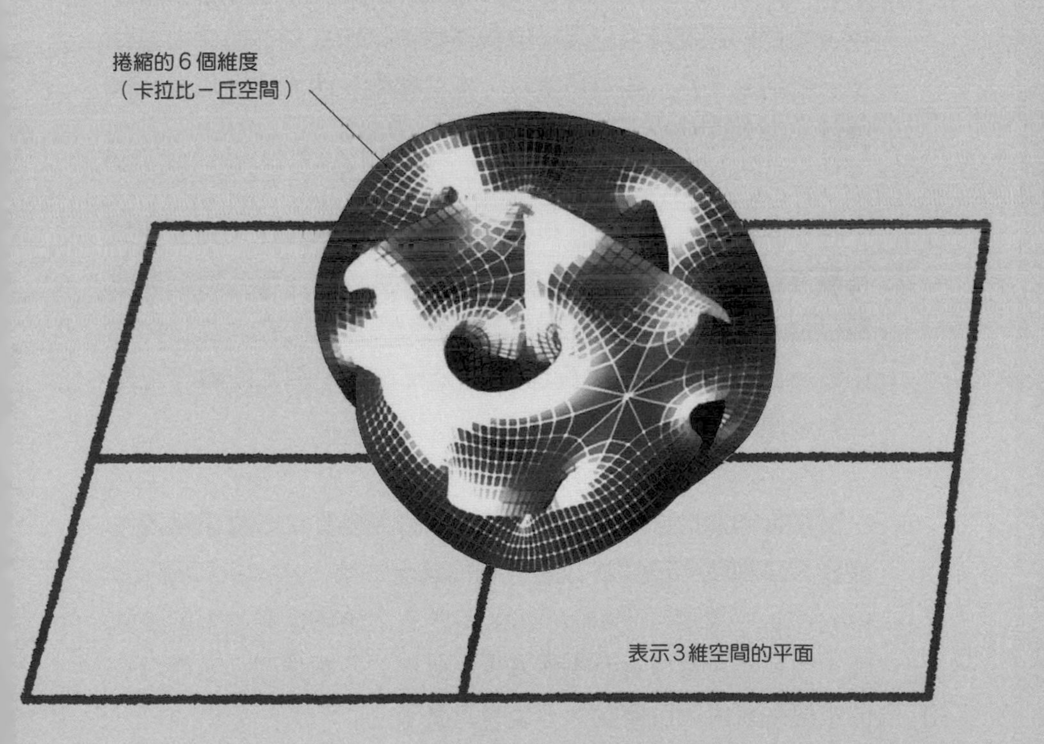

# 巨縱溝紐蟲是世界最長的生物!?

有一類稱為「紐蟲」（Lineus）的生物，大多生活在海洋中，牠們的體型非常細長。發現獵物時，會立刻從身體內部伸出一條稱為「吻」的長長器官，捉住獵物。由於牠的形狀非常怪異，經常在網路上成為熱門話題。

各種紐蟲的長度不太一樣，有些種類只有數毫米，有些種類則長達數公尺。**據說19世紀在蘇格蘭發現了一種「巨縱溝紐蟲」（*Lineus longissimus*），長達55公尺。**在大型生物當中最為出名的藍鯨，體長也才30公尺左右，因此紐蟲可說是世界最長的生物吧！

**而在被列為世界自然遺產的日本小笠原群島上，外來種陸生紐蟲大肆掠食，已經成為嚴重的問題。**鼠婦（*Armadillidium vulgare*）、對蝦（Penaeus）等能使土壤穩定的小型節肢動物，被紐蟲大量捕食而急速減少。這樣會不會造成小笠原群島的生態系統大幅改變呢？不禁令人憂心。

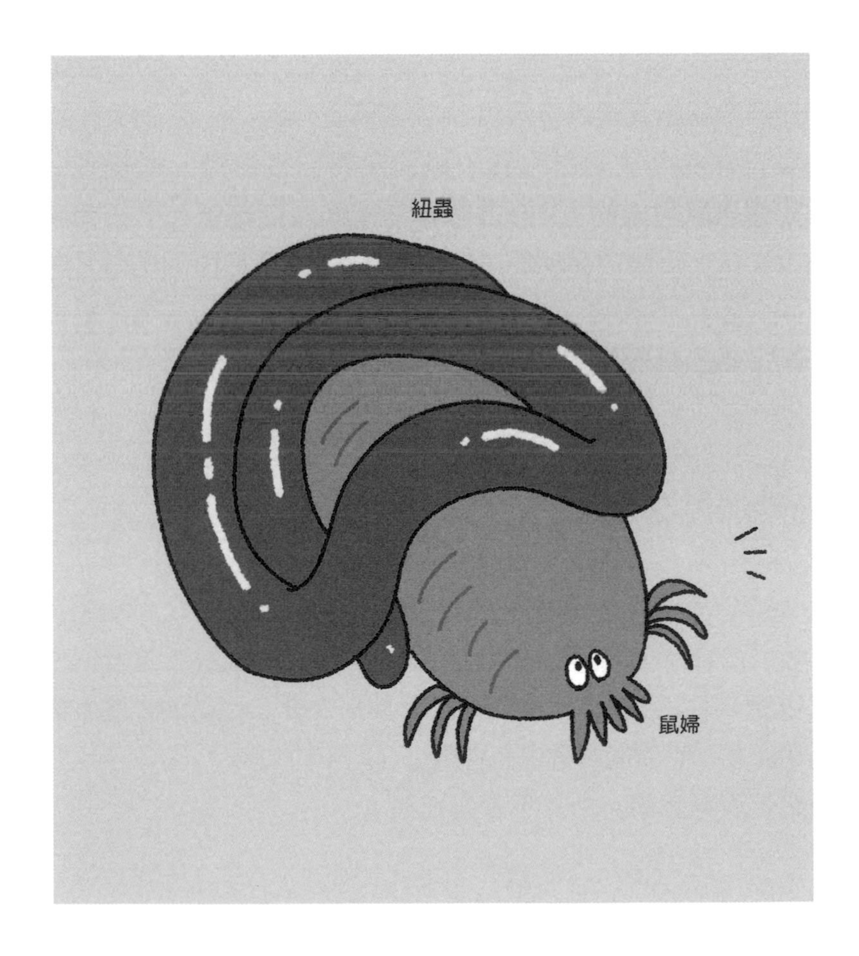
紐蟲
鼠婦

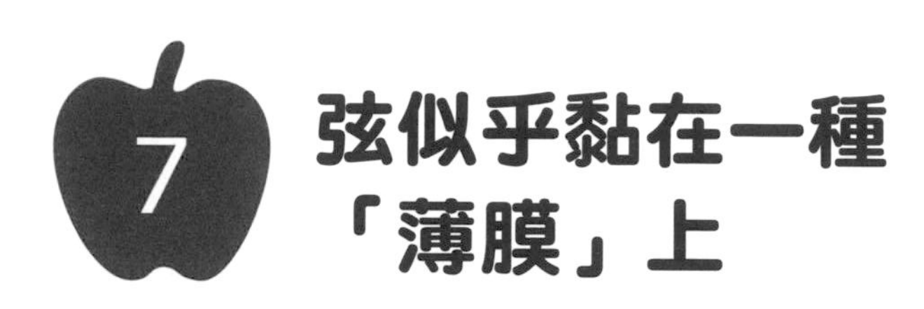


# 7 弦似乎黏在一種「薄膜」上

## 宛如弦擴展而成的「2維薄膜」

現在要介紹超弦理論所預言的不可思議「膜」。

**超弦理論的研究日新月異，目前我們已經知道，似乎有一種宛如弦擴展而成的「2維薄膜」和弦同樣存在著。**這種薄膜稱為brane，衍生自英文的membrane。雖然名稱衍生自2維的薄膜，但在超弦理論中，也擴展到3維、4維，乃至9維的膜。而1維的膜便是弦。

## 開弦的端頭黏在膜上

1989年，美國物理學家波爾欽斯基（Joseph Polchinski，1954～2018）闡明了關於膜的重要性質。開弦的端頭會黏在滿足特定條件的膜上，這樣的膜稱為「D膜」。**弦的端頭如果黏在D膜上，便只能在D膜上移動。**

而閉弦沒有端頭，所以不會黏在膜上。

## 各個維度的膜

0 維的膜為點，1 維的膜為弦，2 維的膜為膜，上頭黏著開弦的端頭。另一方面，閉弦沒有端頭，不會黏在膜上。

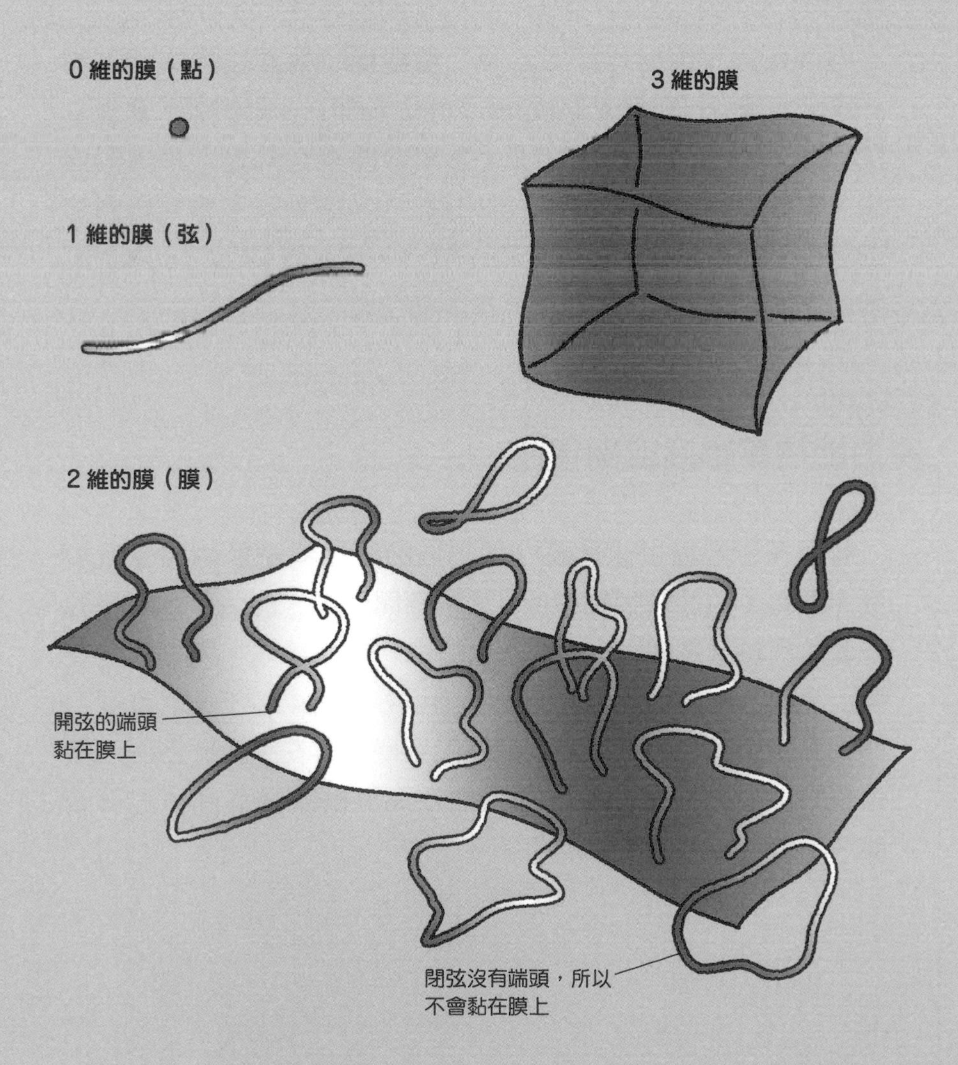

# 8 我們或許生活在膜中

## 整個宇宙空間就是一片廣闊的膜

膜存在於宇宙的什麼地方呢？**根據從超弦理論衍生出來的「膜宇宙學」（Brane cosmology）假說，3維的膜「擴展」於整個宇宙空間。**也可以說，宇宙空間本身就是一片廣闊的膜。由於我們本身生活在3維的膜「中」，所以不會察覺到它的存在。在這個狀況下，膜會「懸浮」在高維度空間（我們所知的3維空間＋隱藏的維度所構成的空間）。

## 重力能往高維度空間傳送

**科學家認為構成人體及一切物質的基本粒子是由開弦所形成。因此，弦的端頭黏在膜（3維空間）上，無法脫離到膜的外面（高維度空間）。**如果光也是由開弦所構成，則它只能在膜上傳送。由於我們是透過光看到世界，所以看不見高維度空間，也就無法利用光來確定高維度空間的存在。另一方面，傳達重力的重力子是閉弦，所以能在高維度空間移動。也就是說，重力也能傳送到高維度空間。

# 這個世界是3維的膜!?

構成一切物質的基本粒子和光，可能都是由開弦所形成。
假設這個世界是3維的膜，則這些弦會黏在3維的膜上，
無法脫離到膜的外面。

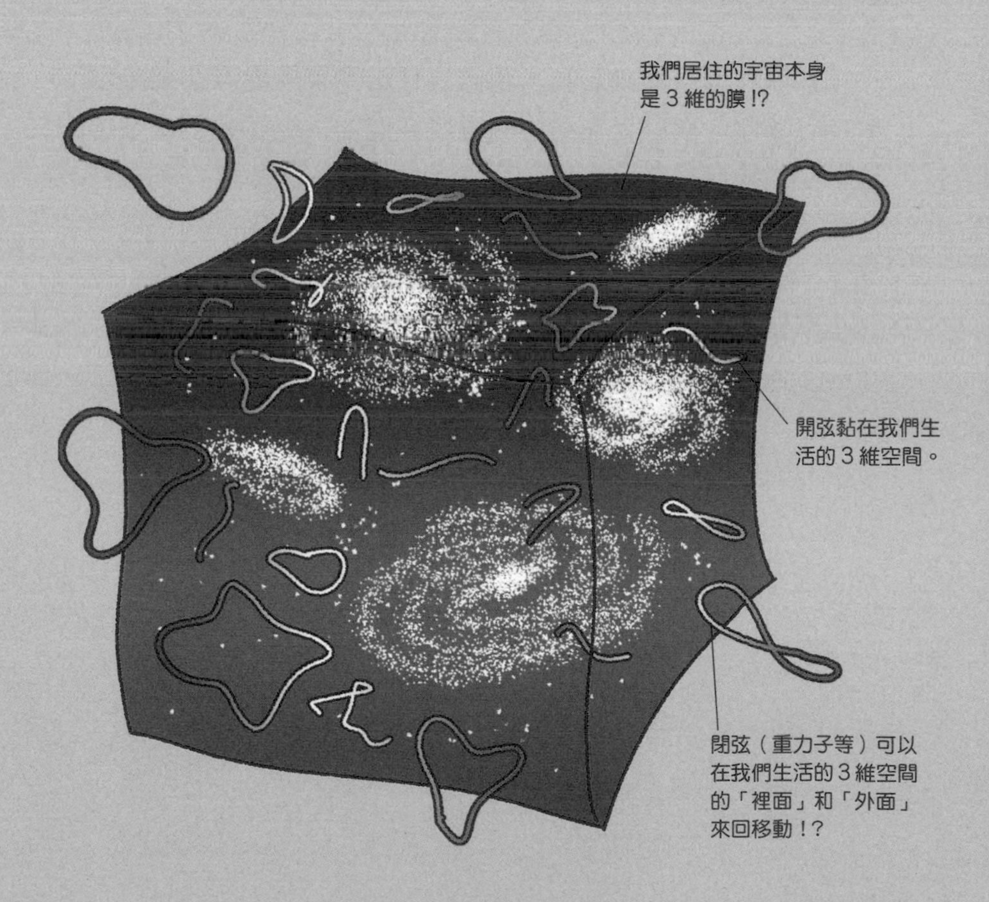


註：3維膜（＝宇宙空間）的「外面」是指4維以上的高維度空間。
我們無法繪出這樣的高維度空間，所以在這裡藉由繪出3維膜的
一部分，來表現「裡面」和「外面」。

# 超弦理論預測宇宙有 $10^{500}$ 種！

## 或許有「其他宇宙」存在

「膜宇宙學」假說認為，我們居住的空間是懸浮在高維度空間的3維膜。而且，在這個高維度空間中，除了我們所在的膜之外，可能還有其他膜（平行宇宙parallel universe）存在。**也就是說，宇宙可能有許多個。**被封閉在其他膜中的「其他宇宙」，有可能和我們的宇宙一樣擁有恆星和星系，或者，也有

### 宇宙或許有無數個

根據超弦理論，除了我們居住的宇宙之外，或許還有其他宇宙存在。我們居住的宇宙擁有恆星、星系和生命，或許只是機緣巧合而已。

可能是完全不同的樣貌。各個膜具有各式各樣的可能性。

## 物理常數及物理法則的可能樣式有$10^{500}$種

而且，我們居住的宇宙和其他宇宙，也有可能位於完全不同的高維度空間中。在我們的宇宙中，具有許多諸如電子的質量等「物理常數」和「物理法則」。根據超弦理論進行計算的結果，得知這些物理常數及物理法則的可能樣式，至少有$10^{500}$種。**這代表可能存在$10^{500}$種宇宙。**

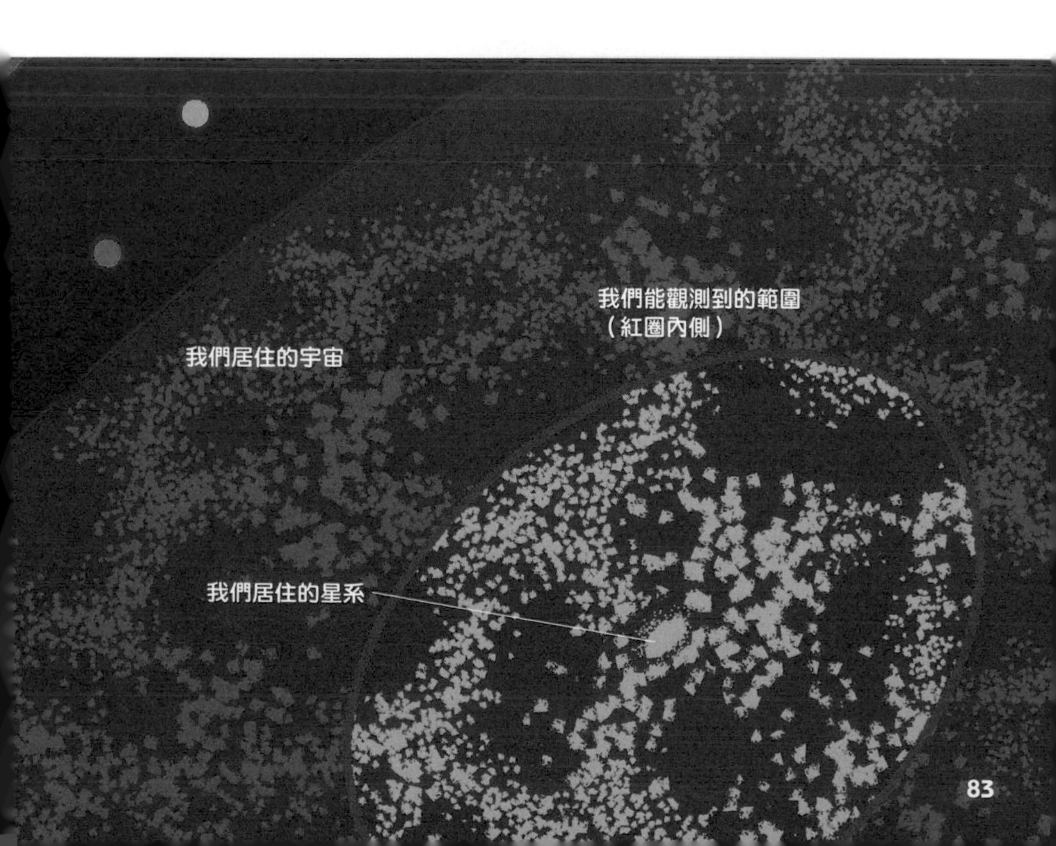

# 10 重力或許可以移動到平行宇宙的膜上

## 利用膜便可說明各式各樣的現象

超弦理論可利用膜的概念，說明自然界的各種現象。

**舉例來說，在電磁力、重力、弱核力、強核力這4種力當中，只有重力極度微弱。**這個原因也可用膜的概念加以說明。

## 重力可前往高維度空間

由閉弦形成的重力子，或許可以飛出我們居住的3維空間，在外面的高維度空間及平行宇宙來去自如。

## 重力子會逸出到3維空間的「外面」

超弦理論認為各種物質是由黏在3維膜上的開弦所構成。另一方面，重力子則是閉弦，可脫離膜而自由行動。也就是說，重力可脫離我們居住的這個3維空間，在我們絕對無法前往的高維度空間中來去自如。**藉此便能說明重力之所以特別微弱，是因為重力子會逸出到3維空間的「外面」。**

假設有其他3維的膜（平行宇宙）存在，並且與我們居住的3維膜分開而獨立存在，則或許只有重力可前往這些膜，物質和光都辦不到。

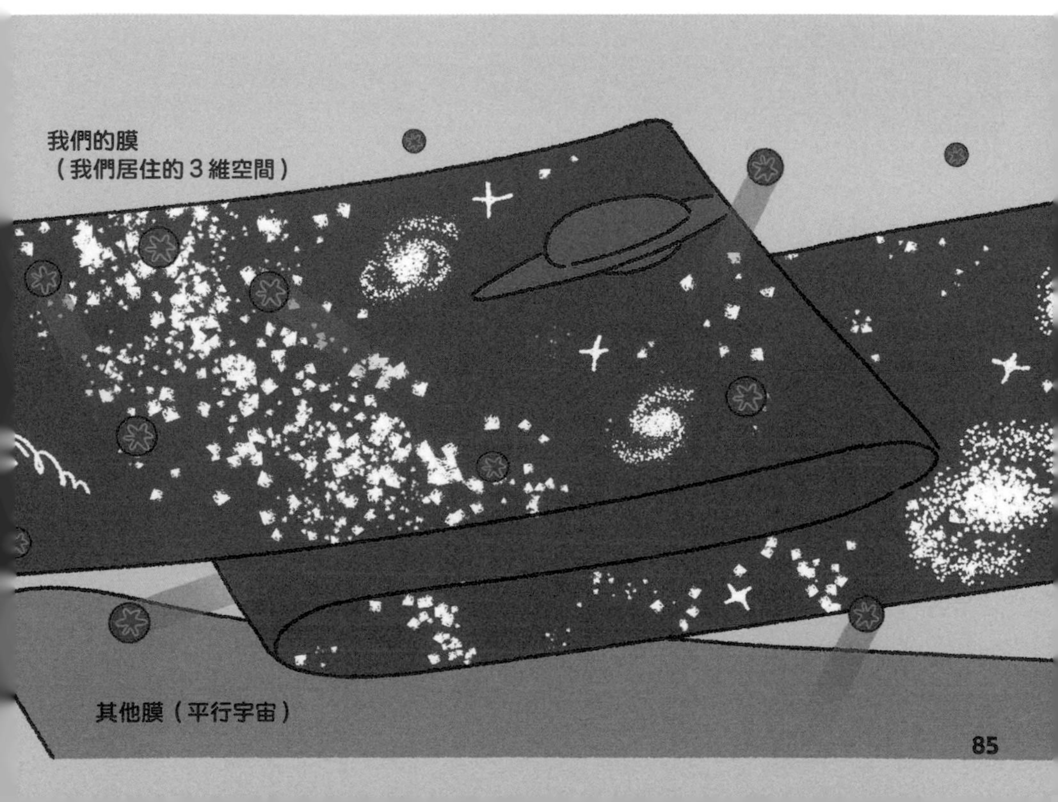

# 11 大霹靂是因為膜的碰撞而發生!?

## 膜藉由重力而互相吸引拉近

根據膜宇宙學假說，除了我們的宇宙（3維膜）之外，可能還有許多宇宙懸浮在高維度空間之中。**而且這些膜（宇宙）會藉由重力互相吸引拉近，最後甚至有可能兩個撞在一起。**

### 火宇宙模型

2001年提出的「火宇宙模型」，以兩個膜的碰撞來說明宇宙的開端「大霹靂」（Big Bang）。

**1. 兩個膜互相接近**
兩個膜藉由彼此的重力互相吸引而逐漸靠近。

## 發生大霹靂之前，宇宙就已經存在了？

**目前普遍認為，我們的宇宙的開端是「大霹靂」（高溫、高密度的火球宇宙），因此有些科學家也嘗試以膜和膜的碰撞來說明大霹靂。**

有一個稱為「火宇宙」（ekpyrotic universe）的模型，假設含有兩個平行膜的多重宇宙（multiverse），發生碰撞，製造出基本粒子的炙熱火球。這個炙熱火球相當於大霹靂，為我們的宇宙帶來了物質和構造。這個模型主張在發生大霹靂之前，我們的膜（宇宙）就已經存在了，這個主張徹底推翻了以往的宇宙論概念。

**2. 膜發生碰撞**
兩個膜更加接近，終於發生碰撞（相當於大霹靂）。

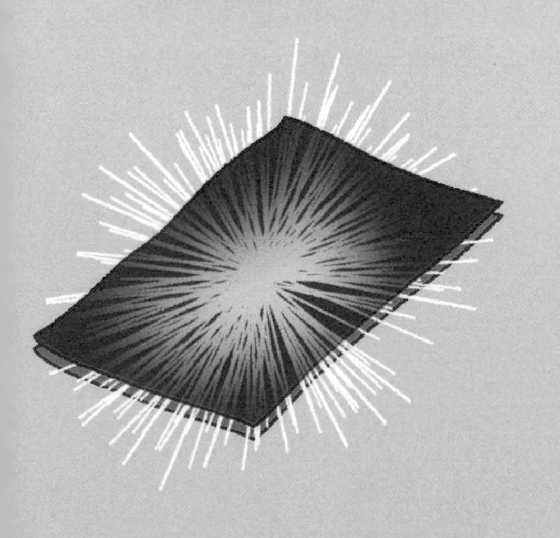

**3. 出現物質和構造**
藉由碰撞的能量，在我們的膜製造出物質和構造。

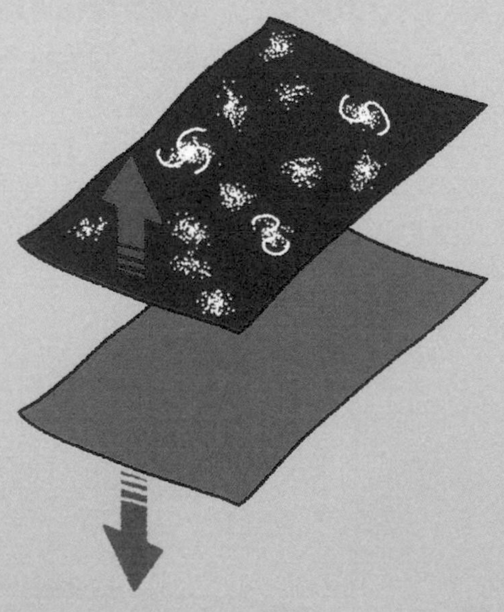

# 長達100億光年以上的「宇宙弦」

超弦理論的弦是極小的弦。**但在宇宙中可能飄浮著極長的弦**，稱為「宇宙弦」（cosmic string）。

在宇宙誕生之初，處於大霹靂時期的宇宙，是個高溫、高密度的炙熱世界，藉由龐大能量而產生了大量的弦。這些弦藉著彼此互黏等等，結合為極長的宇宙弦。**現在，它的長度竟然有可能達到100億光年以上。**

想要直接使用望遠鏡發現宇宙弦，可說是相當困難。但是，宇宙弦可能會藉由重力，使通過其附近的光彎曲。利用這個現象，或許能夠間接地確認它的存在。超弦理論很難利用實驗加以證明，卻能藉由天文觀測加以檢驗，這可以說是相當有趣的一件事。

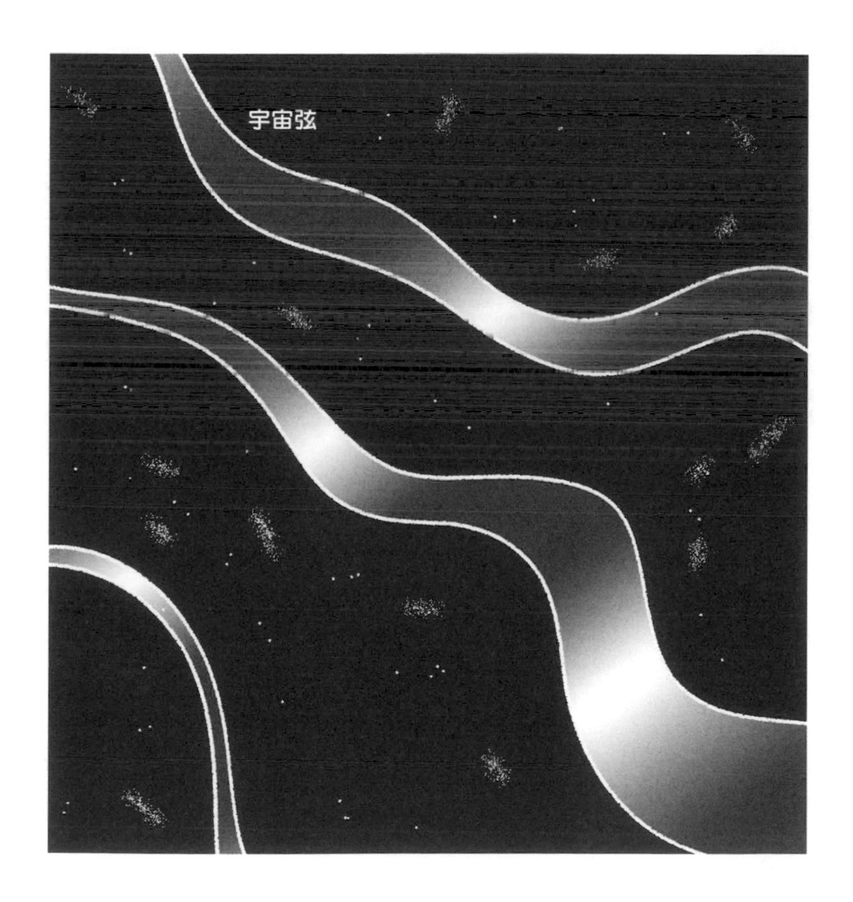
宇宙弦

# 剛誕生的宇宙是幾個維度？

剛誕生的宇宙有幾個維度呢？

這個嘛～～，宇宙誕生時可能遠比原子還小。目前還沒有任何一個理論，能夠闡明如此微小的時空構造。

這個理論的有力候選者，就是超弦理論吧？

沒錯！如果超弦理論正確的話，那微觀宇宙（microcosm）有可能是個 9 維空間哦！

那，為什麼我們的周遭是 3 維空間呢？

根據科學家的推測，在某個時間點，只有 3 個維度被選取而急速膨脹，剩下的 6 個維度則仍維持著極其微小的尺度而殘留下來。

維持著極其微小的尺度而殘留下來？這是什麼意思呢？

意思是科學家認為 6 維被捲縮在特殊的空間裡。

喔～～，真是不可思議啊！我感覺我好像也被博士捲縮起來了……。

微觀宇宙
可能是9維空間
暴脹
6維空間被緊緻化而捲縮，
只有3維空間急遽膨脹
過去的宇宙
星系彼此間的距離比
現在的宇宙更狹小
現在的宇宙
3維空間到現在仍在
持續膨脹中

## 景仰湯川秀樹的南部陽一郎

他畢業於東京帝國大學理學部，戰後於東京大學的研究所任職

由於戰後的混亂，找不到原本的房子，因此睡在研究室

## 預言家

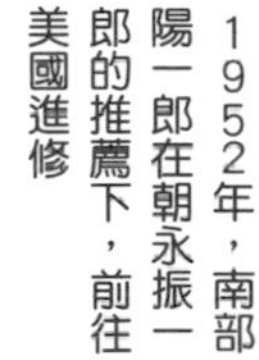

1952年，南部陽一郎在朝永振一郎的推薦下，前往美國進修

他孜孜不倦地發表基本粒子領域的論文
包括後來成為超弦理論起點的弦理論等等

於2008年獲頒諾貝爾物理學獎
早在1960年就發表的研究終於受到了肯定

他所從事的研究總是領先時代
因此也獲得「物理學的預言家」、「物理學的巨人」等美譽

# 4. 超弦理論與終極理論

超弦理論備受期待能成為「終極理論」，把相對論與量子論這兩個物理學的重要理論統合起來。本章將探討超弦理論是否有闡明宇宙歷史的可能性。

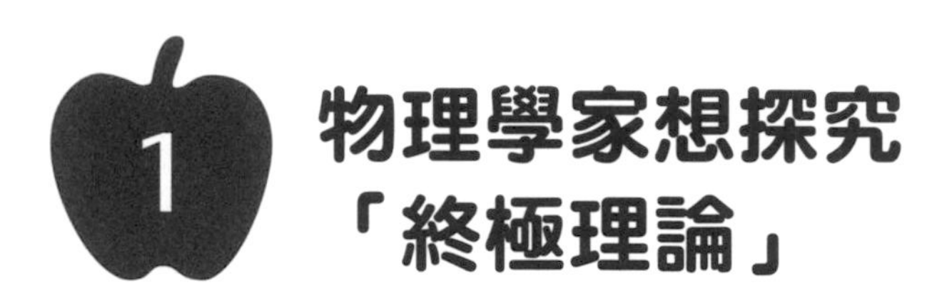

# 1 物理學家想探究「終極理論」

## 自然界的4種力

在我們居住的地球、太陽系，以及廣大的宇宙中，有4種基本力存在。**這4種力是「重力」、「電磁力」、「強核力」和「弱核力」。**自然界的各種現象都可以利用這4種力來說明。

「重力」是具有質量的物體吸引對方的力；「電磁力」是具有電荷和磁性的物體吸引或排斥對方的力；「強核力」是原子核裡面的質子和中子互相吸引的力；「弱核力」是引發中子釋放一個電子和一個反微中子而成為質子（β衰變）等反應的力。例如，碳14這種原子的原子核（6個質子和8個中子）並不穩定，有時候會衰變成氮-14（7個質子和7個中子）。

## 把4種力只當成1種力來加以說明

**現代的物理學者正致力於把這4種力只當成1種力來加以說明。**完成這項任務可以說是物理學家的終極夢想。把這4種力統合起來的理論，可以說是一個具統整性，且能簡單理解這個世界種種現象的「終極理論」。

# 4種基本力

自然界各式各樣的現象可能都是由「重力」、「電磁力」、「強核力」、「弱核力」這 4 種力所引發。一般認為這 4 種力各自擁有能傳達該種力的基本粒子。

## 重力

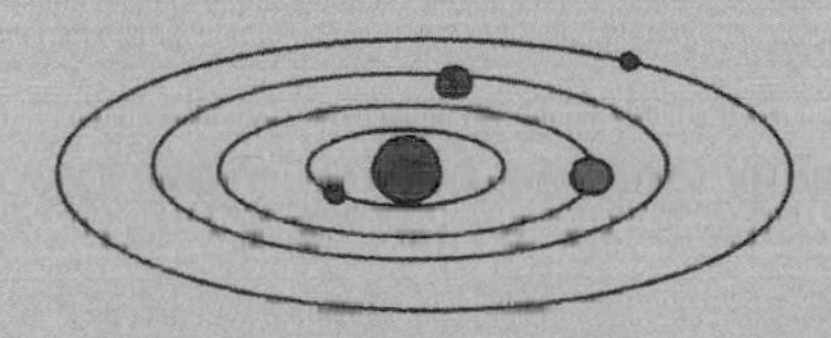

具有質量的物質互相吸引的力。傳達重力的基本粒子為「重力子」，目前還沒有發現。

## 電磁力

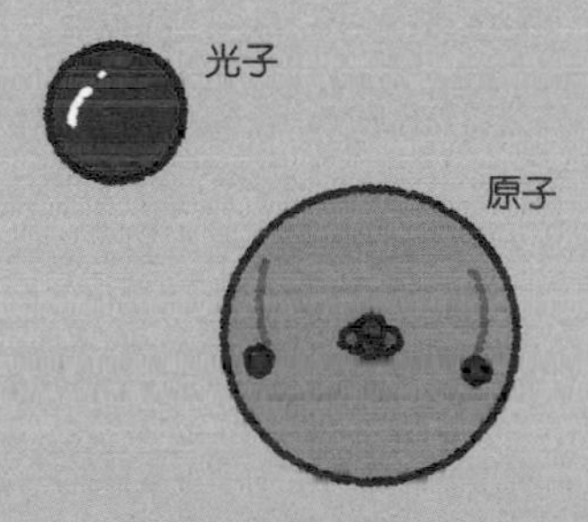


具有電荷和磁性的物質彼此吸引或排斥的力。傳達電磁力的基本粒子為「光子」。

## 強核力

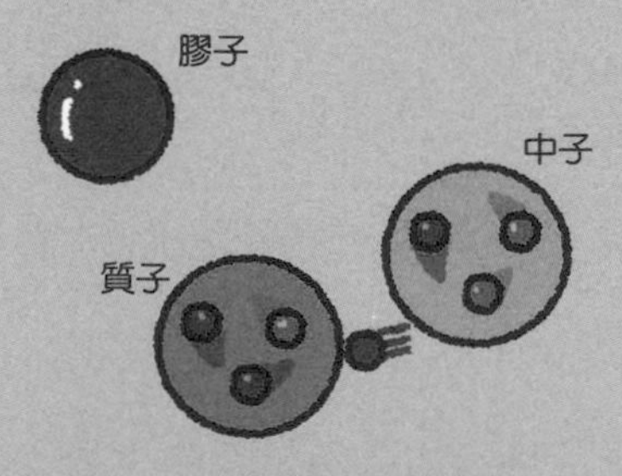


構成中子和質子的基本粒子是夸克。把這些夸克結合在一起的力即為強核力。傳達強核力的基本粒子為「膠子」。

## 弱核力

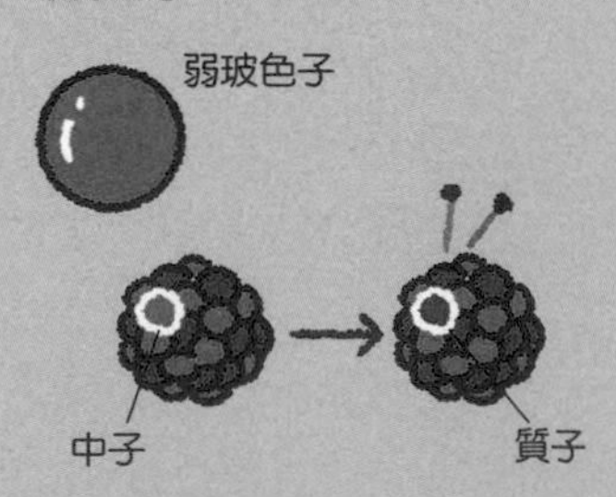


使中子「變身」為質子的力（引發 $\beta$ 衰變的力）。傳達弱核力的基本粒子為「弱玻色子」，有W玻色子和Z玻色子兩種。

# 2 重力阻撓 終極理論的完成

## 兩大理論的統合遭遇障礙

終極理論邁向完成的重大課題，在於重力。**由於還無法把「量子論」(quantum theory) 和「廣義相對論」(general relativity) 這兩個理論統合起來，所以無法妥善處理重力。**

量子論涉及基本粒子這種微觀尺度的物理法則。

### 兩大理論的探討範圍

量子論是處理微觀世界的理論，而廣義相對論則是主要處理宏觀世界的理論。如果想要同時處理兩個理論，將會無法進行計算。

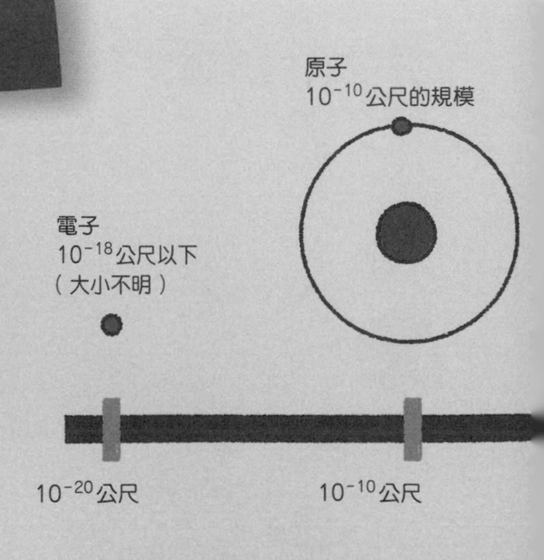


**量子論的「探討範圍」**
以微觀尺度為主要對象。

## 無法計算微觀世界的重力

另一方面，廣義相對論則是關於重力的理論，主要處理像天體這樣巨大（宏觀）尺度的重力。因此，無法用廣義相對論來計算微觀世界的重力。

在微觀世界中，必須依據量子論來思考重力，而物理學家們仍然無法做到這一點。因此，需要一個把量子論和廣義相對論統合起來的理論。

前頁介紹的「終極理論」，就是指這個把量子論和廣義相對論統合起來的新理論。**而它的有力候選者，就是超弦理論。**

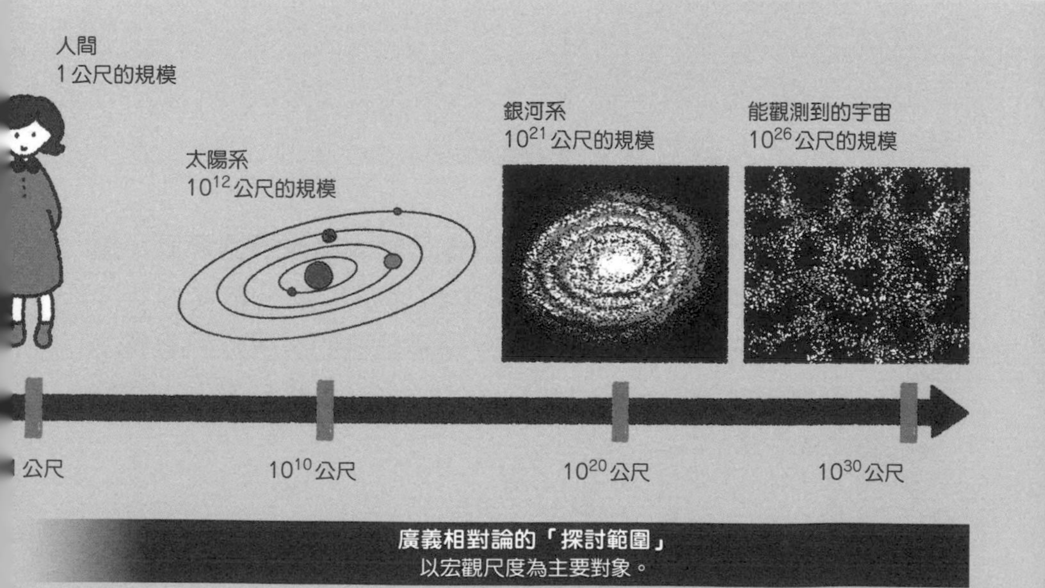

# 3 重力的本體是扭曲的空間

## 具有質量的物體周圍，空間是扭曲的

廣義相對論是什麼樣的理論呢？我們再稍微詳細地說明一下吧！

廣義相對論是德國物理學家愛因斯坦（Einstein Albert，1879～1955）於1915年所發表關於重力的理論。**這個理論主張具有質量的物體，其周圍空間是扭曲的，這個「扭曲的空間」就是重力的本體。**扭曲的空間會對處於其中的物體產生影響，而使其移動（陷落）。

## 大幅改變世人對於重力的看法

**根據廣義相對論，行星之所以會環繞太陽做橢圓運動，就是因為太陽周圍的空間是扭曲的。**地球也好，木星也好，本身都打算筆直行進，但因為空間是扭曲的，所以跟著轉彎了。廣義相對論提出空間會扭曲的主張，大幅改變了人們對於重力的看法。

# 扭曲的空間是重力的本體

廣義相對論以空間的扭曲來說明重力的本體。如圖所示，質量越大的物體會使其周圍的空間產生越大的扭曲。

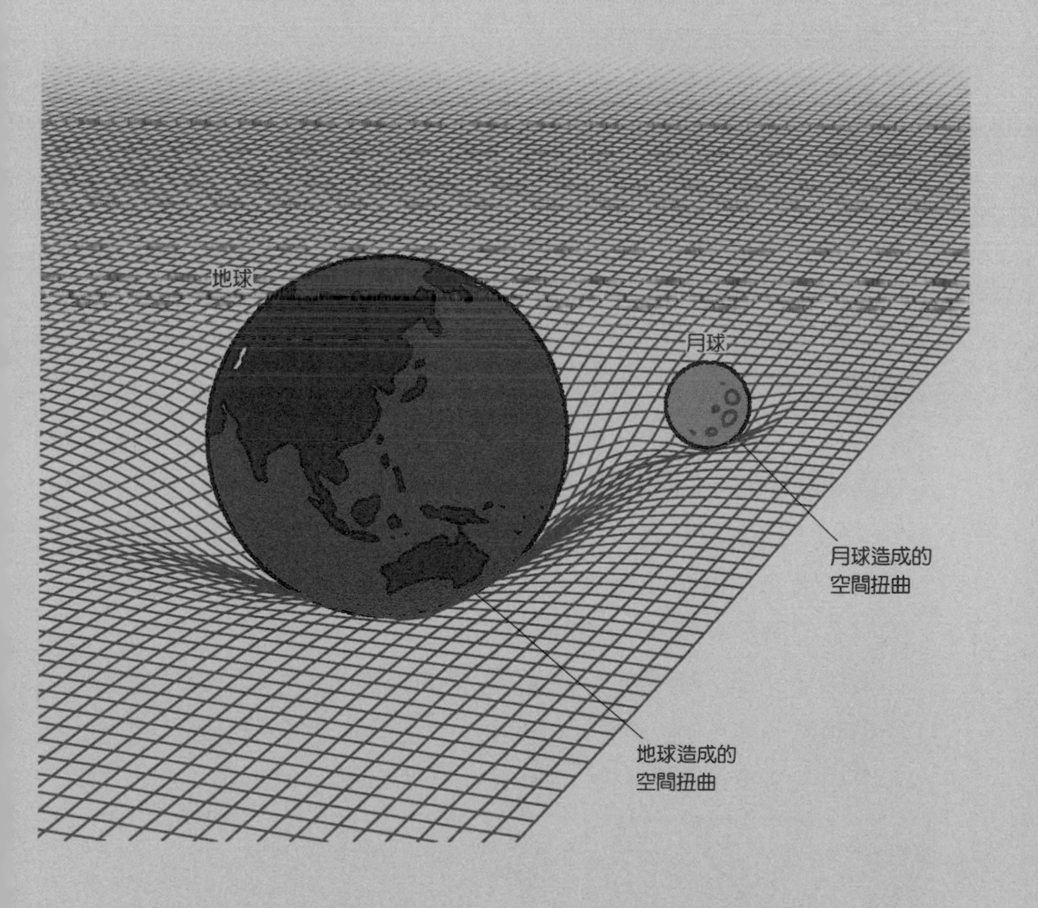

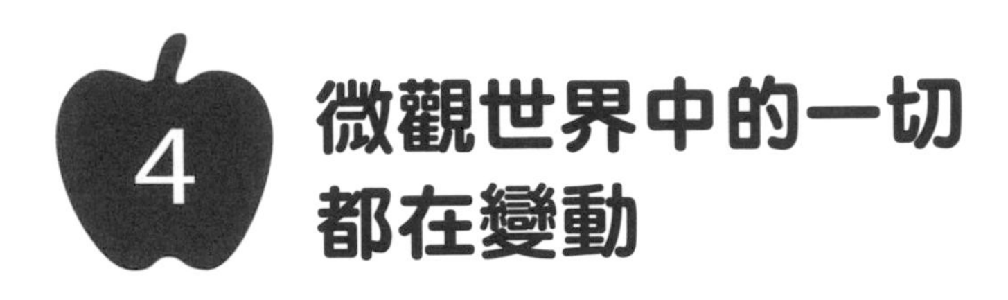

# 4 微觀世界中的一切都在變動

## 電子及光子兼具波與粒子的性質

接下來就來介紹量子論吧！

量子論是處理電子等微觀世界的物理學。量子論的基本原理之一是「波粒二象性」（wave-particle duality），**亦即電子及光（光子）等微觀物體不僅具有波的性質，也具有粒子的性質。這一點已經透過實驗加以證實了。**

## 一切都在變動中

量子論的另一個基本原理稱為「狀態的共存」（coexistence state），也稱為態疊加原理（superposition principle），亦即電子及光子等微觀物體，即使只有一個，也能同時處於多個狀態（位置及動量等）。**微觀世界中的一切都在變動中。**

根據量子論，電子並非環繞著原子核運行，而是形成包圍原子核的電子雲（electron cloud）狀態。此外在微觀的基本粒子世界中，就連基本粒子的數量也在變動著，所以基本粒子有可能一直在生成和消滅。

## 不斷變動的世界

微觀世界中的一切東西都在變動著。即使基本粒子的數量也在變動，所以基本粒子會一直生成與消滅。

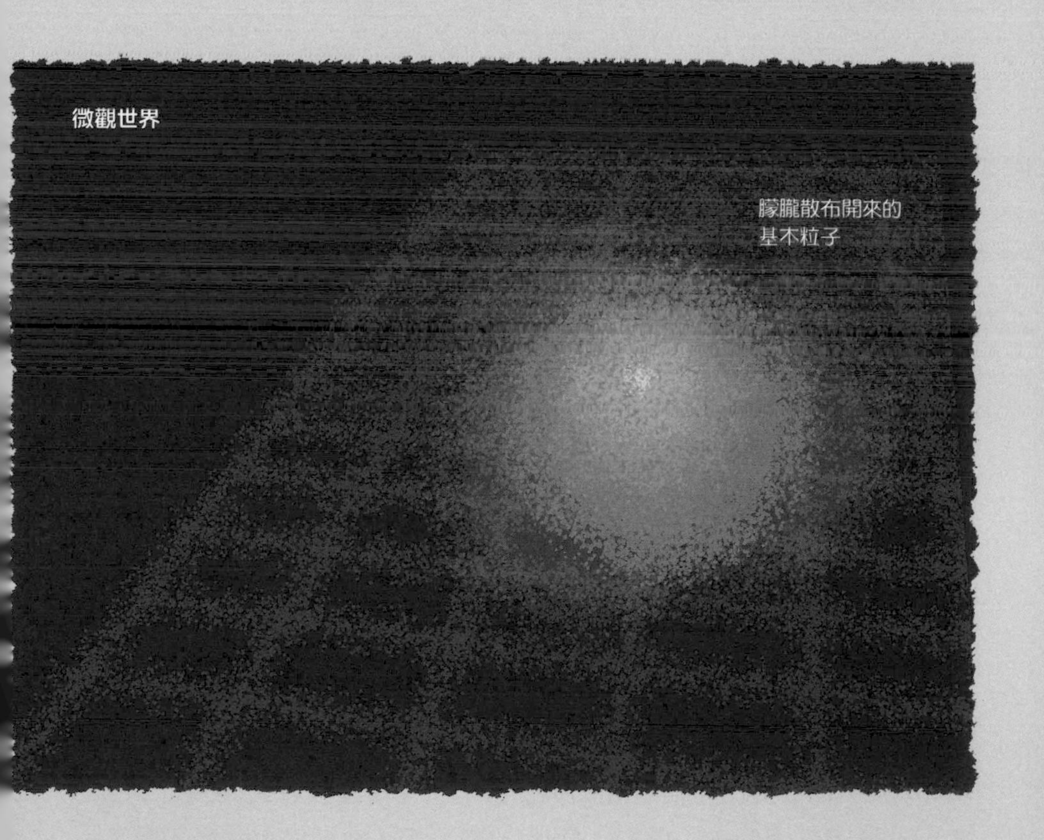


在微觀世界中，一切東西都是以變動的狀態存在吔！

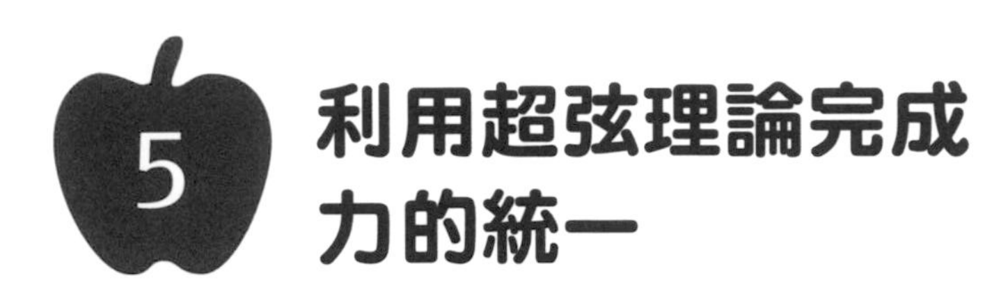

# 5 利用超弦理論完成力的統一

## 電磁力和弱核力已經整合成功

科學家們正致力於把廣義相對論和量子論這兩個物理學的重要理論統合起來，成為一個終極理論。而其最有力的候選者，就是超弦理論。

截至目前為止，終極理論的研究已經進行了數十年。於1967年完成了把電磁力和弱核力整合起來說明的「電弱交互作用」（Electroweak interaction）理論，也稱為「格拉蕭-溫伯格-薩拉姆模型」（Glashow-Weinberg-Salam Model）。依據這個「電弱交互作用理論」及關於強核力的「量子色動力學」等為基礎所建構的理論，稱為「標準理論」或「標準模型」。**標準模型成為現在基本粒子物理學的基礎。**

## 一切現象的根本原理都能說明

把電磁力、弱核力、強核力統合起來的「大統一理論」（Grand Unified Theory）於1974年問世了。但是，大統一理論並沒有納入重力，而且它的正確性尚未獲得實驗證實。

進一步把重力納進來，同時處理4種力的終極理論，其最有力的候選者就是超弦理論。超弦理論目前仍在研究之中，**若能完成超弦理論，則期待從微觀的基本粒子世界到廣闊的宇宙，一切現象的根本原理都能利用超弦理論加以說明。**

# 4種基本力的統一

科學家認為在宇宙剛誕生時，4 種力並沒有區別，後來才隨著宇宙膨脹而區分出來。把 4 種力統一起來的理論如果能夠完成，或許能夠回溯到宇宙的開端。

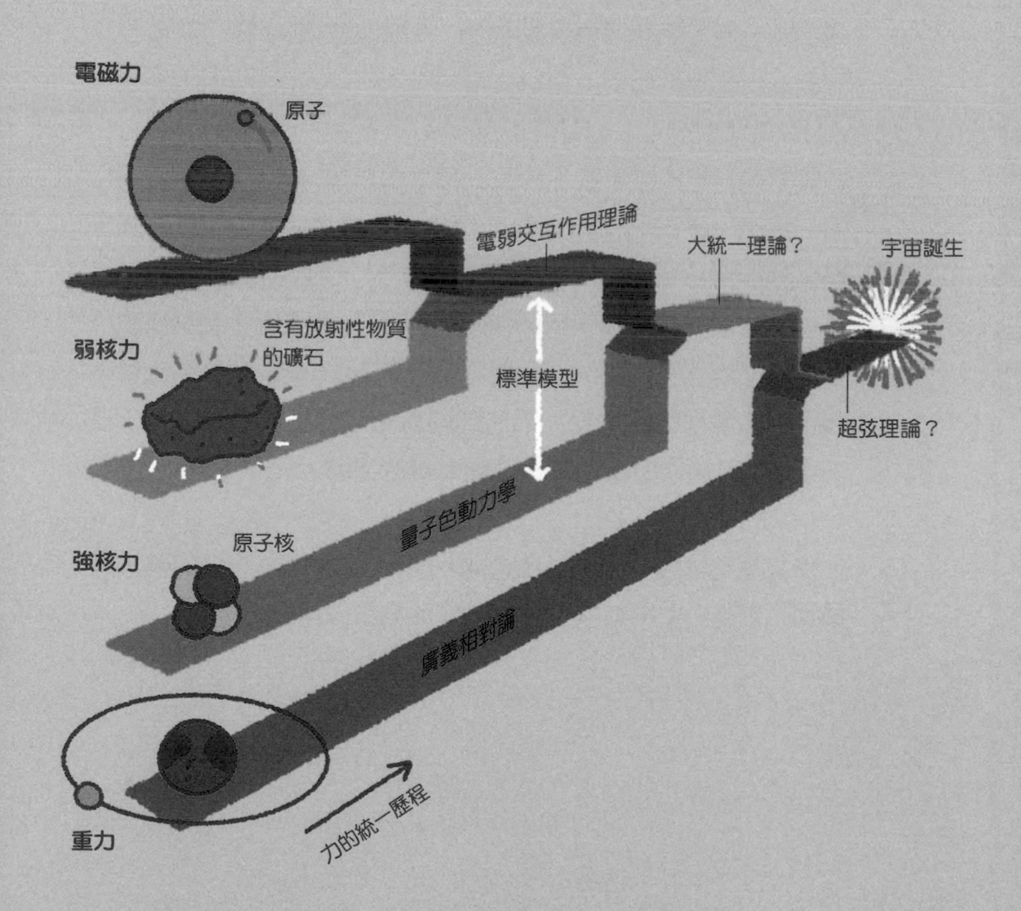

# 納豆牽出來的絲是什麼東西？

談到飯桌上常見的弦（絲），或許有不少人會聯想到日本有名的納豆吧！用筷子攪拌納豆時，會牽出非常多絲，那這些絲究竟是什麼東西呢？

納豆是把煮熟的大豆（黃豆）加上納豆菌，放在攝氏42～45度的溫度下靜置20個小時左右而成。在這個過程中，納豆菌會將大豆的蛋白質分解成胺基酸。進一步，將胺基酸「麩胺酸」（glutamic acid）連結成長鏈狀的物質，製造出「聚麩胺酸」（polyglutamic acid）。**這個聚麩胺酸和某種醣類混合在一起，便是納豆絲的本體。**聚麩胺酸擁有摺疊在一起的構造，具有極佳的延展性，這就是納豆會牽絲的原因。

**納豆放久之後，聚麩胺酸會被分解，使得鮮味成分的麩胺酸增加。**因此，似乎有不少人喜歡吃快到賞味期限的納豆。

# 6 宇宙從點肇始

## 剛誕生的宇宙急遽膨脹

超弦理論備受期待能夠解答宇宙誕生的謎題。

科學家推估宇宙大約誕生於距今138億年前。**宇宙可能是從一個點那麼小的狀態開始，歷經急遽的膨脹（暴脹，inflation）之後，膨脹速度緩和下來，逐漸演變成為現今這個巨大宇宙。**

## 在宇宙肇始之際，弦以高密度的狀態存在著

那麼，剛誕生的宇宙是什麼樣的情況呢？**在宇宙剛誕生的時候，可能是無數基本粒子（弦）擠在狹窄空間內的高密度狀態。**而且，當時可能是極度高溫的狀態。

初期的宇宙處於這種高溫、高密度的灼熱狀態。後來，隨著空間的膨脹，溫度逐漸降低，於是產生了恆星及星系（恆星的集團）等構造。

## 宇宙的歷史

本圖所示為推估138億年前誕生的宇宙歷史，圓的直徑象徵當時的宇宙的大小。宇宙從點一樣小的狀態開始，隨即急遽地膨脹開來。

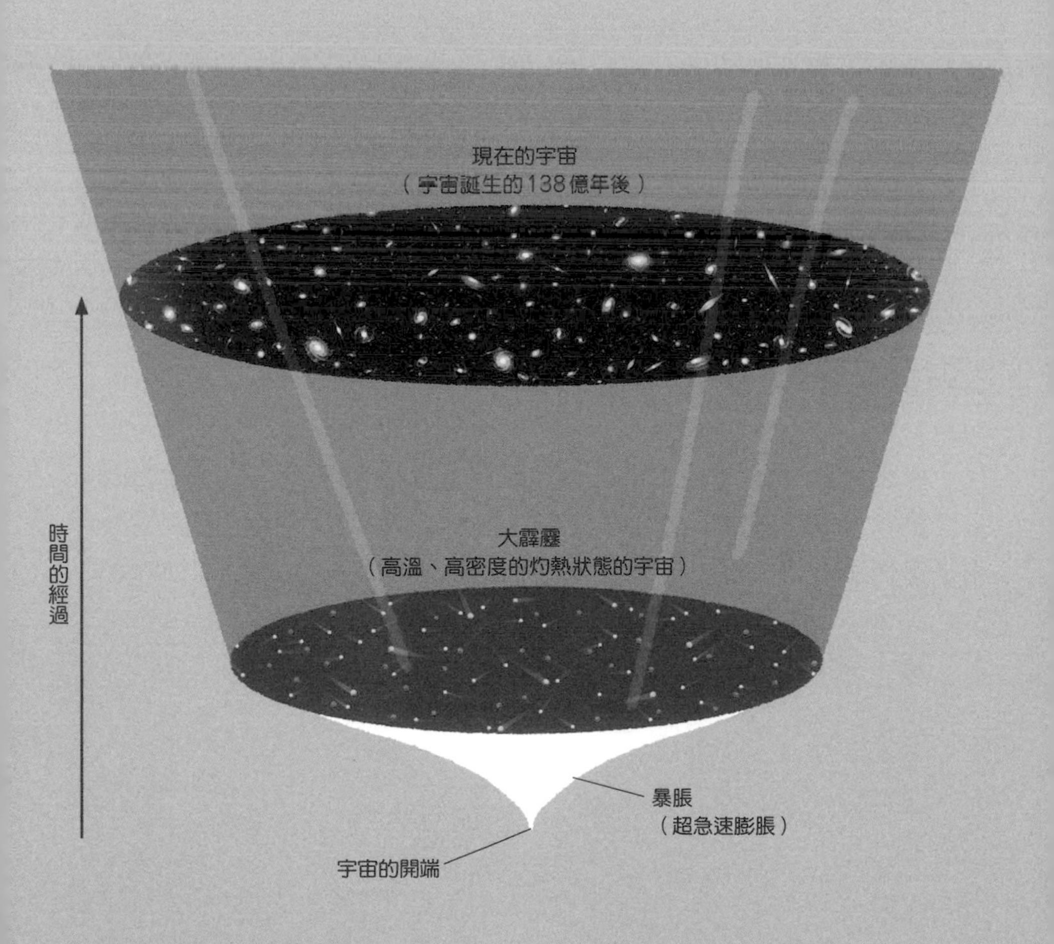

# 或許能夠利用超弦理論計算宇宙的開端

## 可以計算出弦在宇宙誕生時的樣貌

宇宙誕生時，基本粒子處於高密度的狀態，等同於有極重（質量極大）的物質存在，因此會產生強大的重力。目前，超弦理論有望能夠正確計算出微觀世界中的重力。

宇宙誕生時，可能是個基本粒子高密度存在的一片混沌的狀況。**宇宙誕生時，基本粒子（弦）彼此間會如何互相影響呢？能夠對各種基本粒子（弦）進行計算的，只有超弦理論。**

## 也可以獲得宇宙結局的資訊

**如果能得知宇宙的開端，或許就可以獲得關於宇宙結局的資訊。**現在，宇宙仍在膨脹之中。未來，宇宙仍會繼續膨脹嗎？或是有一天，宇宙會停止膨脹而轉為收縮呢？我們並不知道。如果能得知宇宙的開端，將有助於我們預測未來若宇宙轉而收縮，最後縮成一個小點時，會是什麼狀況吧！

## 擠滿弦的初期宇宙

宇宙剛誕生時可能擠滿了弦。在極端高溫的狀況下，弦可能遠比現在更長，振動也更為劇烈。

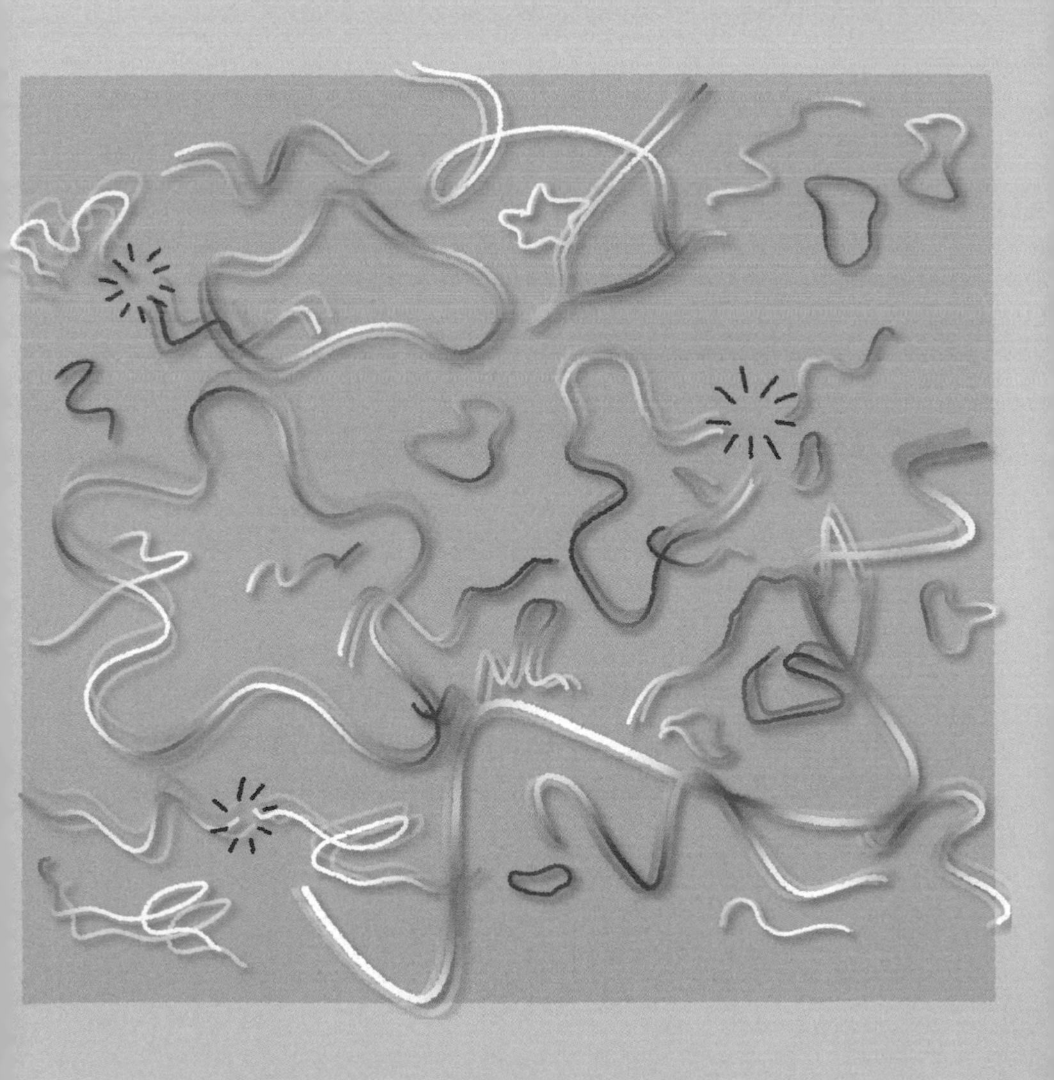

# 8 闡明謎樣物質「暗物質」的本體

## 看不到但存在的神祕暗物質

宇宙中可能充滿了我們看不到的神祕物質。**觀測宇宙時，明明在那個地方看不到任何物體，但跡象卻顯示該處必定有某種重力源（具有質量的物質）存在，這樣的例子屢見不鮮。**這種看不到卻會對周圍產生重力影響的神祕物質，稱為「暗物質」（dark matter）。

## 暗物質的本體是尚未發現的基本粒子嗎？

許多研究者根據各種天文觀測的結果，認為暗物質確實廣泛分布於宇宙之中。但無論直接或間接，都還沒有人成功地檢測到暗物質。

暗物質的本體會不會是尚未發現的基本粒子呢？**超弦理論一旦完成，便能詳細了解基本粒子和重力的關係，對於這種被認為是暗物質本體的未知基本粒子，或許也能對它的特質有所了解吧！**

# 暗物質

暗物質看不到也摸不著，卻會對周圍產生重力的影響。
它的本體會不會是一種基本粒子呢？

我們無法偵測到暗物質，但根據各式各樣的天文觀測的結果，確定它廣泛存在於宇宙之中。

# 魚乾為什麼好吃？

談到弦（細繩），是不是會讓你聯想起晾衣繩，又從晾掛的衣物聯想到晾掛在細繩上的魚乾呢？自古以來，人們就懂得把食物用鹽醃漬乾燥後再食用。根據古籍記載，奈良時代已經有把乾燥食品獻給宮廷做為貢品的紀錄。**乾燥食品由於水分少、鹽分高，不容易腐壞。在沒有冰箱的時代，這是保存食物的好方法。**

一般製作魚乾的方法，是把魚放進15～18%的鹽水浸泡10分鐘左右。拿出用水洗淨後，吊掛一個晚上讓它風乾，稱為「一夜干」（いちや ぼし）。此外，還有一種傳統製法是把魚放入灰中使其乾燥，稱為「灰干」。

**做成乾燥食品之後，魚肉中的水分減少，胺基酸等鮮味成分也隨之被濃縮。此外，在乾燥的過程中，由於溫度上升及鹽的作用，活化了能分解蛋白質的酵素，把魚的蛋白質分解成胺基酸。**所以產生出乾燥食品的獨特美味和口感。

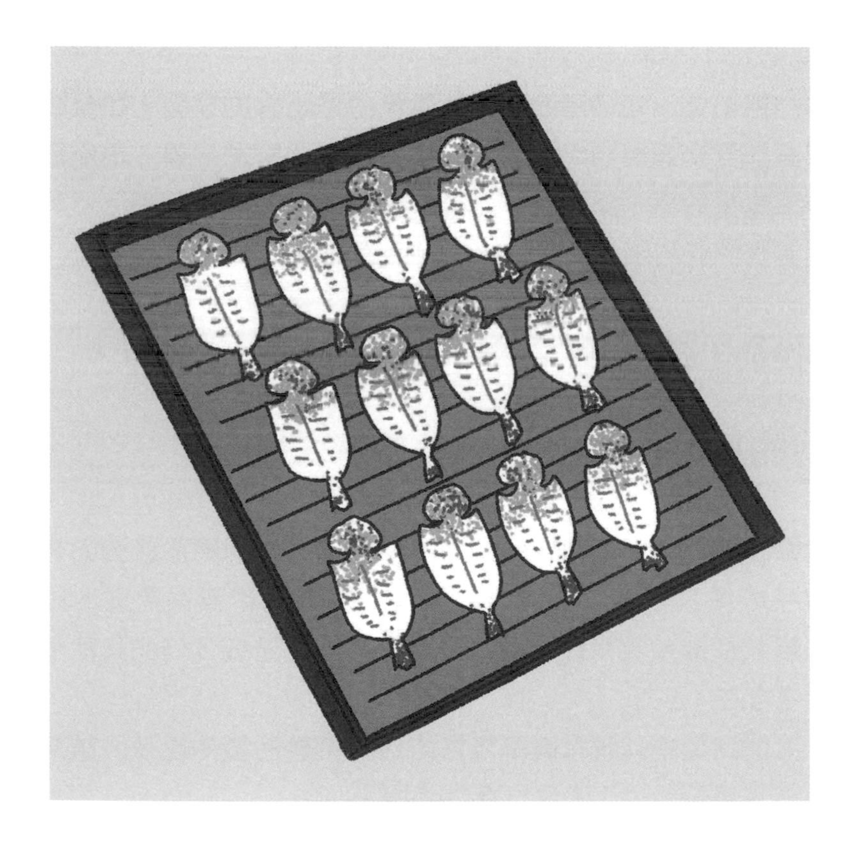

# 9 找出重的基本粒子！

## 如何確認超弦理論的正確性？

我們目前還不知道超弦理論是否真的是正確的理論。**如果超弦理論能圓滿說明自然界發生的各種現象及實驗結果，也能預言未來發生的事，應該就可以說它是「正確的理論」吧！**但具體而言我們有辦法確認超弦理論的正確性嗎？

## 如果弦的振動變得劇烈，就會跳階式地變重

根據超弦理論，如果弦的振動變得劇烈，則對應於該弦的基本粒子能量就會階段式地增加，進而跳階式地變得更重。因此，超弦理論預言有性質相同但質量增加 2 倍或 3 倍的其他基本粒子存在。

**如果能夠發現超弦理論所預言的這種更重的基本粒子，將會成為闡明超弦理論正確性的強力證據。**

## 超弦理論預言的基本粒子

本圖所示為弦的振動劇烈程度和基本粒子質量的關係。弦的振動劇烈程度為階段式（跳階式），因此，基本粒子質量增加的方式也是跳階式。

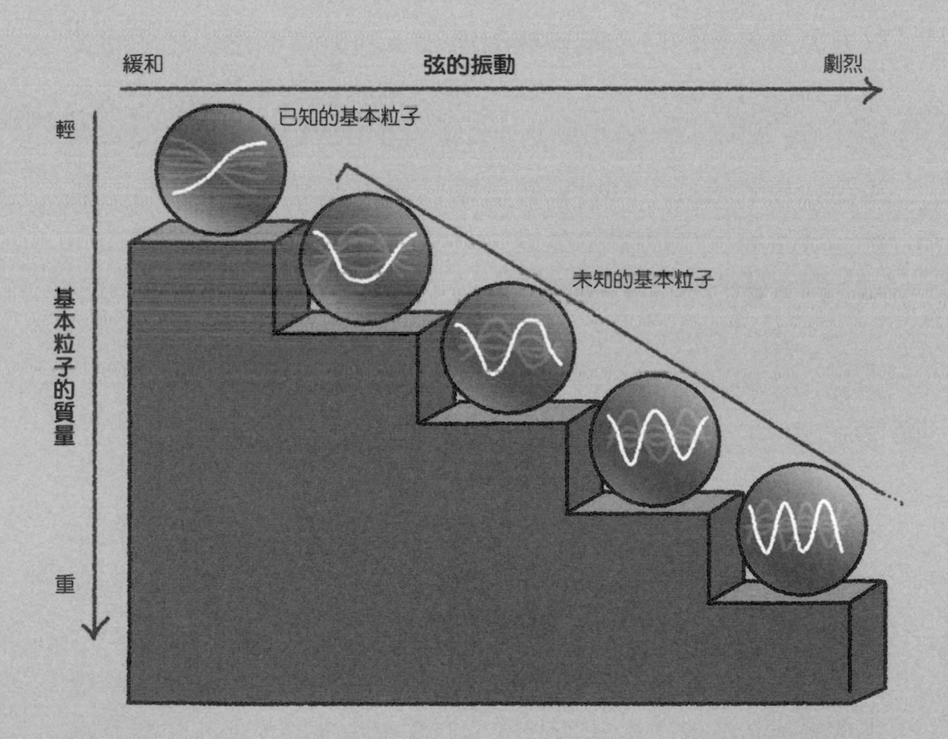


如果弦的振動變得劇烈，則與該弦對應的基本粒子質量也會變大哦！

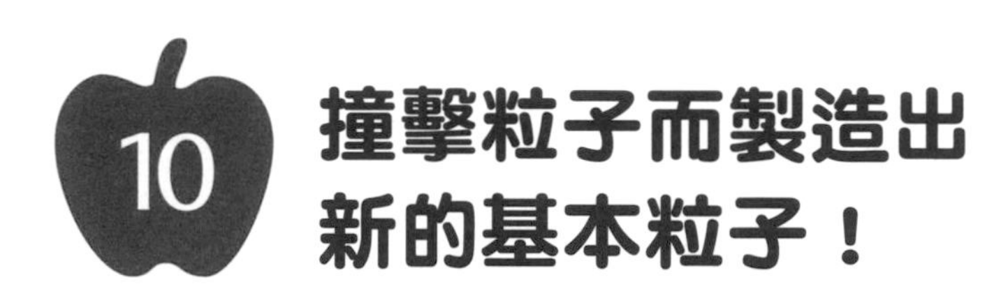

# 10 撞擊粒子而製造出新的基本粒子！

## 對應撞擊的能量而產生各種粒子

要怎麼樣才能發現超弦理論所預言的重基本粒子呢？想要發現新的基本粒子，一般是使用「粒子加速器」（particle accelerator）這種把小粒子加速的實驗裝置。**把質子等粒子加速到接近光速，再使它們正面對撞，便可以依據撞擊的能量，對應產生出許多新粒子。**不過，如果想要發現較重的粒子，就需要相應的龐大能量。

## 需要能產生LHC的10兆倍能量的加速器？

目前世界規模最大的粒子加速器是歐洲原子核研究機構（CERN）在瑞士和法國國界建造的巨大加速器LHC（大型強子對撞機）。

**但是，超弦理論所預言的基本粒子大多非常重，若要發現這些粒子，必須建造能產生LHC 10兆倍能量的加速器。**想要利用加速器來發現這些重粒子，未免太過於不切實際。不過根據超弦理論的模型，或許也有一些較輕的基本粒子，使用LHC及今後可望建造的下一代加速器就能探測到，所以可能還是有機會發現這類較輕的基本粒子。

## 粒子的對撞實驗

使用「加速器」進行粒子對撞實驗的場景模擬圖。一般來說，加速器的規模越大，粒子的撞擊能量越大。

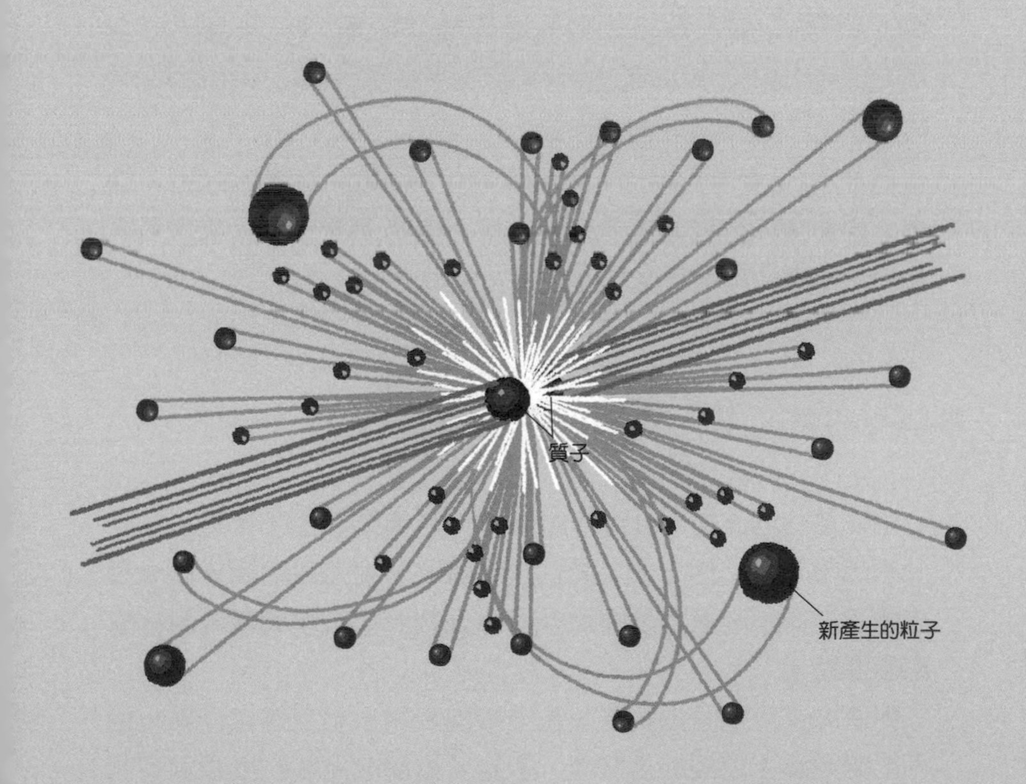

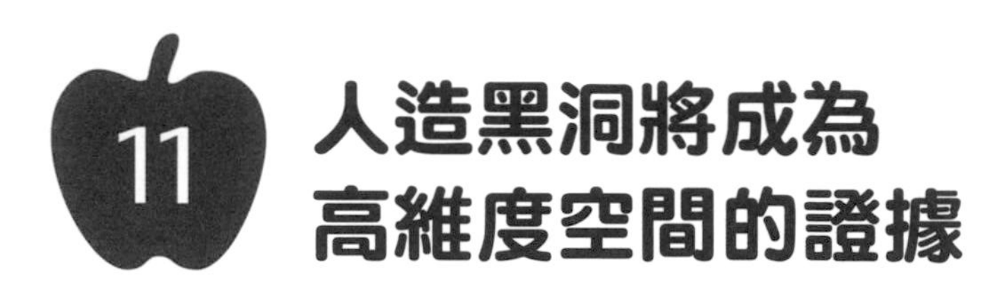

# 11 人造黑洞將成為高維度空間的證據

## 能夠使用加速器製造出人造黑洞嗎？

有一個與超弦理論有關的有趣預言：**或許能夠使用加速器「LHC」以人為方式製造出極小型的黑洞，稱為「微型黑洞」(micro black holes）或「量子黑洞」(quantum mechanical black holes)。**

黑洞是天體藉由本身重力塌縮成超高密度的狀態。LHC中的質子被加速到接近光速並互相碰撞，因此撞擊點可以視同聚集著龐大能量的超高密度狀態。

## 根據以往的理論，無法形成黑洞

用以往的理論進行計算，即使LHC也無法製造出足以形成黑洞的超高密度狀態。**但如果從超弦理論衍生而來的膜宇宙學假說是正確的，則重力會遠比以往的預測更強，使得黑洞的形成更為容易。**

即使未來可以藉由實驗製造出微型黑洞，但光憑這一點，也不能證明超弦理論的正確性。不過，這將成為高維度空間實際存在的證據。

## 黑洞的形成

有些科學家認為LHC管子裡的質子被加速到接近光速並正面對撞，有可能會製造出微型黑洞。

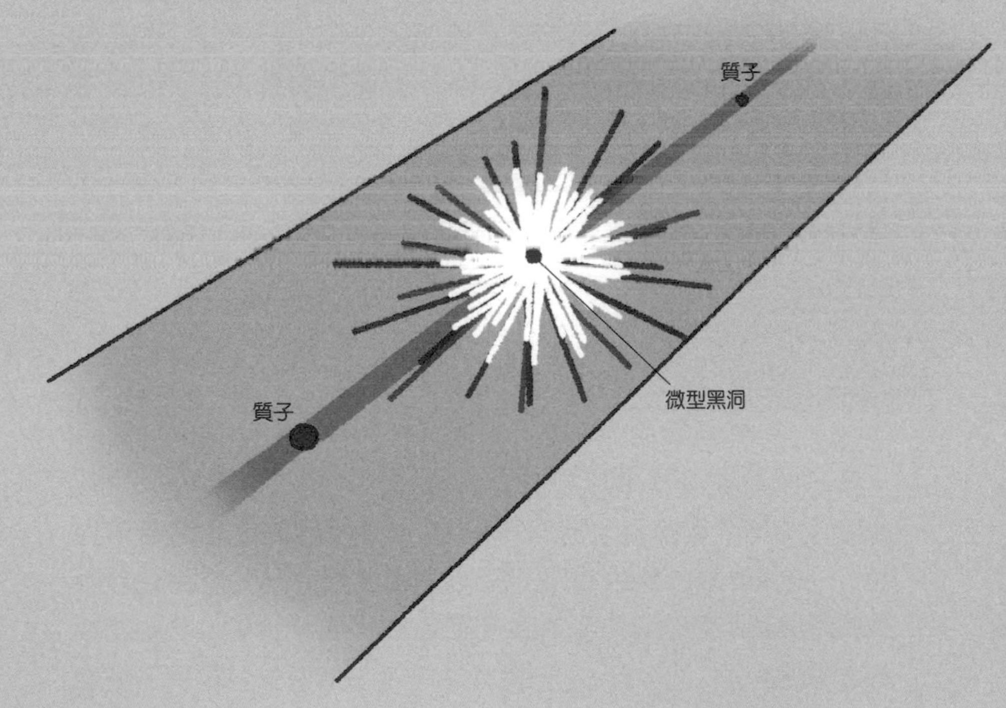


微型黑洞即使形成了，可能也會立刻「蒸發」而消失哦！

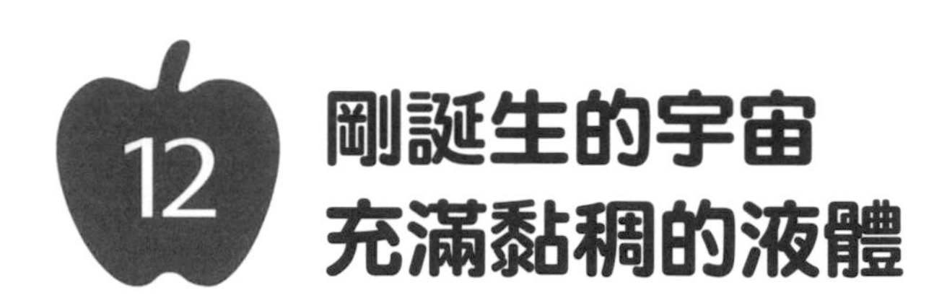

# 12 剛誕生的宇宙充滿黏稠的液體

## 「夸克－膠子電漿」充滿整個宇宙

**宇宙剛誕生時，可能有「夸克」和「膠子」這些基本粒子在微小的宇宙中四處流竄，**我們將它稱為「夸克-膠子電漿」（quark-gluon plasma），俗稱「夸克湯」（quark soup）。闡明它的性質，對闡明宇宙誕生之謎來說非常重要。但是我們目前已知，如果用以往基本粒子物理學的方法來計算夸克-膠子電漿的性質，是一件相當複雜且非常困難的事。

## 超弦理論的計算方法與實驗結果一致

在這個時候，超弦理論便派上用場了。科學家運用從超弦理論衍生的計算方法，計算夸克-膠子電漿的黏性（黏著的程度）。**依據計算的結果得知，夸克－膠子電漿是一種黏性非常小的「黏稠流體」。**美國布魯克海文（Brookhaven）國家實驗室的加速器「RHIC」（相對論性重離子對撞機）重現了宇宙剛誕生的實驗（右頁插圖），實驗的結果與這個計算的結果相當一致。

雖然RHIC的實驗結果並非證實了超弦理論的正確性，但也顯示從超弦理論衍生計算方法的有效性。

## 加速器RHIC的實驗

科學家使用RHIC進行一項把金的原子核加速，再使其互相碰撞的實驗。構成原子核的質子和中子是由夸克及膠子等基本粒子所構成。使原子核互相碰撞，原子核會在一瞬間成為熔融的狀態，形成夸克和膠子離散開來的「夸克-膠子電漿」。

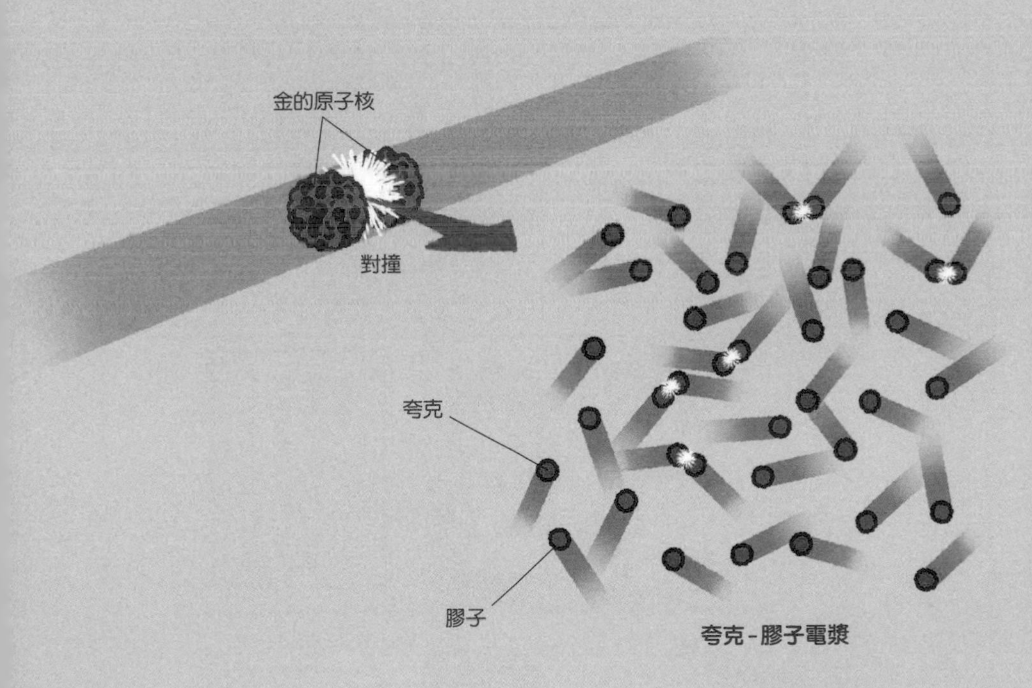


除此之外，從超弦理論衍生的計算方法也開始運用於凝態物理學及流體力學等不同領域。

超弦理論之父史瓦茲

史瓦茲是1941年出生於美國的物理學家
擔任加州理工學院的教授

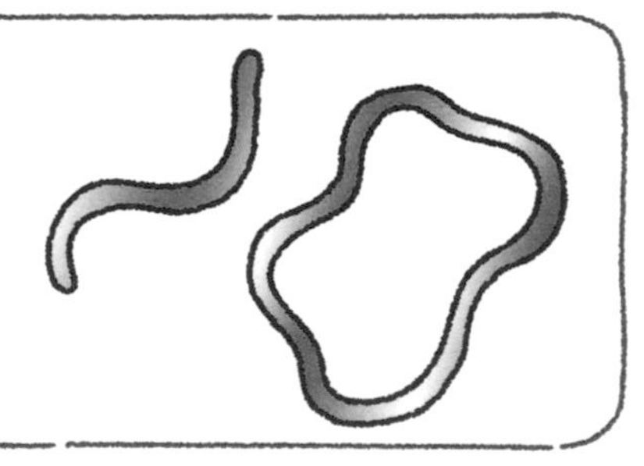
在超弦理論研究者並不多見的時代，就殫精竭慮地投入研究

1984年，和英國物理學家格林一起發表解決超弦理論問題的論文

超弦理論
超弦理論
帶動第一次超弦理論革命，掀起後來的風潮

## 提倡M理論的維騰

1995年發表「M理論」，統合了當時的5個超弦理論，帶動了第二次的超弦理論革命

M理論

I型、ⅡA型、ⅡB型、混合SO(32)、混合E8×E8

【觀念伽利略08】

# 超弦理論

## 萬物都是由「弦」所構成

作者／日本Newton Press
執行副總編輯／王存立
翻譯／黃經良
編輯／林庭安
發行人／周元白
出版者／人人出版股份有限公司
地址／231028 新北市新店區寶橋路235巷6弄6號7樓
電話／（02）2918-3366（代表號）
傳真／（02）2914-0000
網址／www.jjp.com.tw
郵政劃撥帳號／16402311 人人出版股份有限公司
製版印刷／長城製版印刷股份有限公司
電話／（02）2918-3366（代表號）
經銷商／聯合發行股份有限公司
電話／（02）2917-8022
香港經銷商／一代匯集
電話／（852）2783-8102
第一版第一刷／2022年7月
定價／新台幣280元
港幣93元

國家圖書館出版品預行編目（CIP）資料

超弦理論：萬物都是由「弦」所構成
日本Newton Press作；黃經良翻譯. -- 第一版. --
新北市：人人出版股份有限公司, 2022.07
面； 公分. —（觀念伽利略；8）

ISBN 978-986-461-295-6（平裝）

1.CST：理論物理學

331　111007731



## Staff

| | |
|---|---|
| Editorial Management | 木村直之 |
| Editorial Staff | 井手 亮 |
| Cover Design | 岩本陽一 |
| Editorial Cooperation | 株式会社 美和企画（大塚健太郎，笹原依子）・青木美加子・寺田千恵 |

## Illustration

| | |
|---|---|
| 表紙 | 羽田野乃花 |
| 3~7 | 羽田野乃花 |
| 11 | Newton Press，羽田野乃花 |
| 12~15 | Newton Press |
| 17 | Newton Press，羽田野乃花 |
| 18~21 | Newton Press |
| 23 | 羽田野乃花 |
| 26~33 | Newton Press |
| 35 | 羽田野乃花 |
| 37 | Newton Press |
| 39 | 羽田野乃花 |
| 40~45 | Newton Press，羽田野乃花 |
| 47 | 羽田野乃花 |
| 48~55 | Newton Press，羽田野乃花 |
| 59 | Newton Press |
| 60~61 | 羽田野乃花 |
| 64~73 | Newton Press |
| 75 | Andrew J. Hanson, Indiana University and Jeff Bryant, Wolfram Research, Inc., Newton Press |
| 77 | 羽田野乃花 |
| 78~91 | Newton Press |
| 92~93 | 羽田野乃花 |
| 96~101 | Newton Press |
| 103 | Newton Press，羽田野乃花 |
| 105 | Newton Press，羽田野乃花 |
| 107 | 羽田野乃花 |
| 109 | Newton Press |
| 110~113 | Newton Press，羽田野乃花 |
| 115 | 羽田野乃花 |
| 117 | Newton Press，羽田野乃花 |
| 119 | Newton Press |
| 120~123 | Newton Press，羽田野乃花 |
| 124~125 | 羽田野乃花 |